JN056955

数学者訪問

輝数遇数

PART I

［写真］
河野裕昭
［文］
内村直之・亀井哲治郎・
里田明美・冨永 星・吉田宇一

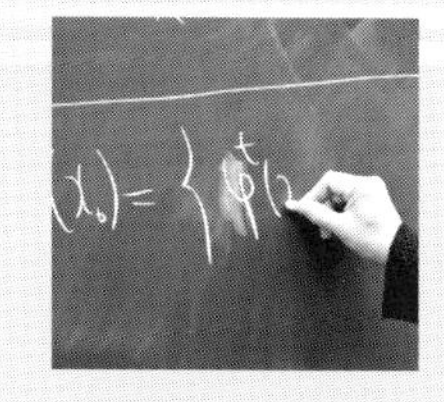

現代数学社

まえがき

人類が 1，2，3，……と数を数え始めた時から数学者がこの世に現れ，数学が始まりました……．と，そんなことは本当かどうかわかりませんが，まわりを見回すと，なぜか，数学と数学者にたまらない魅力を感じる人は少なくありません．私たちもその一員として，昼も夜も数学をしている数学者の生き生きとした姿に触れたいと願い，これまで取材とインタビュー，写真撮影を重ねてきました．この本は，『現代数学』誌に2015年から連載中である数学者訪問シリーズの単行本化第一弾です．日本の数学者という窓から覗き見た数学と数学者についての報告として，これまであまり他人には見せなかった思考や言葉，表情が垣間見えるのではないでしょうか．

とかく特別視されることが少なくない数学者も当たり前の人間です．お腹が空けばご飯を食べ，眠くなればベッドに潜り込んで夢も見ます．しかし，数学者という人々は「これが自分の問題だ」というものを見つけると，その真実を捕まえようと執拗に追いかけ続けます．ある時は紙と鉛筆あるいは黒板とチョークを使って絶え間ない計算の試行錯誤を続け，また別のある時はじっとうずくまった獣のように沈黙のままに集中して考えます．その道筋でわからないことに出会えば，問題の底の底まで降りていって考え抜きます．お互いにわかろうと激しい議論を戦わせることもしばしばあります．その果てに「わかる瞬間」「問題が解ける瞬間」がやってきます．「それは快感」，と数学者はいいます．その体験を話してくれる時の眼の輝きといったら例えようもないほどです．

数学者がターゲットとする世界に目をやると，それはとても広いものです．代数幾何，確率論，数論，カタストロフィー，力学系，ゼータ関数，作用素環，表現論，カオス，……あるものは現実に対応して実在し，また別のものは現実を遥かに超えた観念の世界にしかないものかもしれません．ギリシア時代から綿々と繋がってきた数学は，現代になって果てしなく分岐する一方で，限りなく重なり合ってもいます．一つ一つの数学の姿はときに荒々しく，ときに優美なものですが，それらはお互いに共鳴して大きな調和を作っているようにも見えるらしい．その美と神秘に魅せられた人間である数学者がなぜそこへ向かうのか，なぜなんとかたどりつけるのか，ということを思うと不思議です．数学者個人とその人の数学自体の関係はある面ではその生き方と必然的に結びつくはずのものであり，別の面では偶然の出会いの賜物であることもあるでしょう．数学する人々が創る大きな数学の世界において，数学者個々のおこなう具体的な数学は，一つ一つの意味が重要であると同時に，全体に対しても意味を持つものなのです．宮崎駿さんの漫画『風の谷のナウシカ』での名セリフ「全にして個，個にして全」と通じ合うものを感じてしまいます．

数学をより深く，より広くするために，あるいはそれをみんなのものにするために，数学者は日々活動しています．それが数学者の学びであり，研究であり，教育です．論理と記号によって厳密に書き表される数学は，最初のところでは，数学者の頭の中で未整理な混沌として生まれるものでしょう．それを磨き，育て，いらないところを消しゴムで消して，論文は生まれます．そんなところをも紹介しようと各筆者は努力を重ねてインタビューをしました．普段は見えない秘密部分も数学者の言葉の端々にちょっぴりですが現れているように思います．それにしても，インタビューに際し，数学者の皆さんは手加減をせず，ひたすら自ら追い求めてきた生の数学について話しています．ですから，登場する数学はやはり難しく私たちがどこまで正確にわかったのかは難しいでしょう．読者にお許しを願うところです．

この本の第一の見どころは言うまでもなく写真です．担当したカメラマンの河野裕昭が注目したのは，数学者の顔の表情だけではありません．チョークを握る手先，黒板上の文字と数式，聴講者と向かい合う緊張感，真剣さを全身の動きで示す表情の数々，「私は数学者だ」と無言のままに主張するカットの数々もじっくりお楽しみください．

この本のタイトルである『輝数遇数（きすうぐうすう）』という言葉は辞書に載っているものではありません．白川静さんの『常用字解』による解説でその漢字一つ一つを解釈すると，「光り輝く数学や数学者という神秘的で不思議な存在に出会う」ということになりそうです．私たちがシリーズの表題として考えたこの言葉は，この文章たちの成り立ちをうまく表現したものかもしれません．

本文は若干の加筆・修正がなされたものもあります．また，インタビューで登場された数学者の略歴・プロフィールについては現時点ものに更新してありますが，本文中の人名の所属は掲載時のままとしました．連載はまだ続いています．続刊をお楽しみに！

『現代数学』の連載と単行本の編集・発行を一手に引き受けられながら，いつも楽しそうにお付き合いくださる現代数学社の富田淳さん，記事のレイアウトや本のデザインでいつも唸らされてしまうデザイナーの海保透さん，そしてあれやこれやのお世話をお願いしているすべての数学者の方々にお礼を申し上げると共に，これからも一層のご協力をお願いいたします．

文章を担当した一人として　**内村直之**

目次

藤原耕二

文＝内村直之

坪井 俊

文＝内村直之

数学者に会いに行こう！　耳を傾けよう！　そして語りかけてみよう！

数式の向こうに，アタマの中の論理と定理の向こうに，魅力に満ちたナマの数学者がいる．出発は，数学を「みんなのもの」にしたい二人だ．

黒板の前の数学者は，なんと頼りたくなる存在なのだろう．真っ黒な板の上に，白いチョークで定義や数式を繰り出していくと，いつのまにか壮大な伽藍のような大きな数学や野原のあちこちに咲き誇る春の花のようなささやかな数学が，目の前に描き出される．「わかったかな？」．やさしく微笑んだ数学者が黒板からこちらに視線を向けると私たちはほっとする…….

今回，私が会った二人も，新しい数学を切り開いてきた頼りがいのある存在だ．彼らの専門は，図形に関する数学，幾何学である．

京都大学大学院理学研究科の藤原耕二は，図形などの対称性を記述する「群」のうち「無限離散群」というものを幾何学の手法で調べる「幾何学的群論」に取り組んでいる．創始者であるロシアの大数学者ミハエル・グロモフが目標だ．東京大学大学院数理科学研究科の坪井俊は「位相幾何学」，特に葉層構造と力学系に興味を持つ．葉層構造は，高次元の図形を低次元の図形で「分けていく」

とどうなるかという問題で，師匠の田村一郎について以来，研究を進める．専門に関して，二人とも日本数学会から幾何学賞を受賞した実績もあり，日本の研究を背負っている．

しかし，今回は違うところから見たい．二人の共通点は，「数学は数学研究者だけのもの」とはさらさら思っていないということである．

語りかける数学者

たとえば，坪井は，中学・高校の生徒に向けてもう 8 年も数学について語りかけている．

群馬県沼田市の玉原（たんばら）高原にある東京大学玉原国際セミナーハウスは，ミズバショウも咲く湿原近くに建つ山小屋スタイルの建物だ．毎年，自然以外なにもない環境で，数学だけを語り合ういくつもの研究セミナーが開かれているが，それだけではない．近隣の数学好き中高校生を集めて，大学の先生が熱を入れて語る数学講座が開かれているのだ．

2005 年，このセミナーハウスの運営を引き受けた坪井は当時の研究科長とともに「社会貢献活動もしなくちゃなあ」と最初から考えてい

た．この施設自体が地域に受け入れられることが大事，と地元高校や教育委員会に働きかけ，中高生のための講座やキャンプを始めた．講義をするのは東大数理科学研究科の先生たちだが，テーマを決め講師を選ぶ中心的役割を坪井は 8 年務めた．活動は動画に収められ，それはホームページでも見られる．（http://www.ms.u-tokyo.ac.jp/tambara/）

たとえば，何年か前の「確率」をテーマにした高校講座で，坪井は実験演習と称して，64 人の生徒にそれぞれ 1000 回ずつサイコロを振らせた．「1 の目が出る確率はいくつか，実際に実験してみよう」．確率論におけるいわゆる大数の法則（たいすうのほうそく：実際の確率は実験を繰り返せば繰り返すほど理

論的な値に近づく）の実験的確認だが，理屈どおりにはいかない．

「やってみると理論より1の目が多く出た．サイコロが理想から遠く，1の目が他の目よりえぐれているためか出やすいんですね」

実習を手伝う大学院生もサイコロをそんなにたくさん振ったことなどない．参加した高校生だけでなく，だれもが「勉強」になった．

その他，市民講演会や幾何学の講義ビデオの作成，東大が全学的に力を入れ一般にも公開している講義シリーズ「学術俯瞰講義」のコーディネートなど，坪井は常に広い人々への語りかけを忘れないのだ．

数学者にできること

一方，藤原も数学が普通の人に知られていない実態が気になっていた．たとえば，2009 年，民主党政権が行った科学技術予算の使い方をめぐる「事業仕分け」でのやりとりに危機感を感じた．「科学の実態をめぐる事実が人々に知られていないなあ」としみじみ思った．当時，所属していた東北大は，サイエンスカフェなど科学界から一般の人への働きかけは熱心だった．「数学者にできることはなんだろう？」．藤原は自問した．

思い出したのは，カリフォルニア大学バークレー校数理科学研究所（MSRI）の博士研究員だった際に見たジャーナリストの姿だった．彼らは，そこに滞在しながら研究現場である講義やセミナー，研究室に自由に出入りしていた．最初はどうしてそういう人がいるのかわからなかった．実は，研究所自体が企画していた自分たちのありのままの姿を見て，自由に一般向けに発信してもらおうという「ジャーナリスト・イン・レジデンス＝滞在中のジャーナリスト」というプログラムだった．

2010 年 8 月末，藤原は当時，日本数学会理事長だった坪井に，そんなプログラムがあることを説明し「私たちもやってみませんか？」と呼びかけるメールを出した．

それ以前，数学研究の問題点をついた文科省科学技術政策研究所のレポート『忘れられた科学 ― 数学』を受取り，数学振興・人材育成の方向を求めて，数学会も手さぐりしていた．「アウトリーチならこれ！」と，坪井はすぐに藤原に実現を

頼んだ．これが日本の同じプログラム誕生につながった．この連載もそこから生まれた．

これまでの5年間に延べ20人以上の参加者が30ケ所以上の大学，研究所などの数学研究現場に滞在，そこでの取材成果が発表されつつある．数学に触れる普通の人も確実に増えつつある．数学の世界が広がっている．

青春の曲がりくねった道

数学者への道は人それぞれ．二人にもいろいろなきっかけがあった．

「数学は好きな科目だったけれど，大学での道は建築，土木，

都市計画あたりを考えていたんです」と藤原は意外なことをいう．それがどうして数学へ？

「教養課程で聞いた藤崎源二郎先生の線形代数の講義に惹かれたのかなあ．万人向けとはいえないかなり偏ったものだったのですが，論理的に破綻がなく私にはとても面白かった」．わずか1年の講義で数学の眼が鍛えられ，道を決めたというのだ．

一方，坪井の道はもっと前から決まっていたようだ．大学院生だった教師から受けた中学校での平面幾何の授業が発端という．「一言一句わかった．論理と証明の面白さに夢中になった」．理系好きな仲間に囲まれた中高の生活を送り，大学でも理学部，その中でも基本的と思う数学への道を選んだ．

しかし，教養課程までの具体的な数学と，それ以後の抽象的な数学のギャップは，若い二人をそれなりに悩ませたという．

学生にとっての大きな関門は，数学科進学が決まると必ず受けなければならない「集合と位相」など基礎科目の「演習」だ．若いバリバリの助手が問題を出し学生が解くという授業だが，「簡単に解かれてたまるか」と出題する問題の難解さは半端ではない．

「問題の意味がわからない．それでも解く同級生がいる．自分とはアタマの構造，種類の違う連中……」と演習に出た藤原は思った．1，2ヶ月して失意まっただ中の藤原に，一緒に映画を見た友人が語りかけた．

「大丈夫，藤原くんなら解けるよ」

このことばが一皮むけるきっかけとなった．夜，問題を見直してみると，解けるのが見つかった．「今思えば，抽象性に頭がやっと追いついた」．坪井にも同じような時があったという．二人はそれを乗り越え，一人前になった．

彼らには苦労して育ててきた自らの数学がある．その研究成果は世界の研究仲間に広がり大きなコミュニケーションの輪を作っている．それをもっと大きくするにはどうしたらいいのか．

藤原は，小川洋子のベストセラー小説『博士の愛した数式』英訳版の書評を書いたことがある．その中でこんなことをいってい

る．「数学の公式というものは，いろいろな背景を持つ普通の人々を強く魅了するようだ．数学の美と神秘の届き方は様々だという例である．私は，それをある意味でうらやましいと思う．たぶん多くのほかの数学者と同様に，私は，定義 – 定理 – 証明というスタイルでしか，数学を楽しんでいないし，楽しもうとしていないからだ」(原文英文)．

二人は，「無限群と幾何学の関係」を追求する研究グループの主要メンバーを務めるとともに，そんな数学をみんなのものにすることにも一生懸命なのである．

「現代数学」2015 年 4 月号収録

藤原耕二 (ふじわら・こうじ)

1964 年東京生まれ．東京大学理学部数学科卒業後．88 年同大学院修士課程修了．慶応義塾大学助手，講師，東北大学助教授．教授を経て，2012 年から京都大学大学院理学研究科教授．専門は幾何学的群論．2013 年文部科学大臣賞表彰科学技術賞（理解増進部門）．2015 年日本数学会秋季賞．

坪井 俊 (つぼい・たかし)

1953 年広島生まれ．東京大学理学部数学科事業後．78 年同大学院修士課程修了．同助手，助教授を経て 93 年から 19 年まで同大学院数理科学研究科教授．12 年から 16 年まで同研究科長．元・日本数学会理事長．専門は位相幾何学・力学系．19 年から武蔵野大学工学部特任教授．

中島　啓

文＝内村直之

幾何学が変貌している．

群などの抽象概念を具体化する表現論も変貌している．底流には，物理学が新しい幾何学を産み，それがさらなるいろいろな数学に飛び火している事情がある．

その現場のただ中で大活躍するラッキーな数学者の歩みを聞こう．

1990年，京都で国際数学者会議（ICM）が開かれた．日本初の開催に加え，森重文が日本で3人目のフィールズ賞受賞者となったことでも注目された会議である．

しかし，個々の数学者にとっては，世界の代表的数学者が登壇する15本の1時間招待講演の方が惹かれる．東京大学理学部数学科の助手を務めていた中島啓も，そのトークの一つ一つに耳を傾けていた．

米国マサチューセッツ工科大のジョージ・ルスティックが語った「表現論における交叉コホモロジー理論」の最後で中島は「お？」と思った．つい先日，カリフォルニア大学バークリー校のピーター・クロンハイマー(現・ハーバード大学)といっしょにやったクイバー(quiver, 後に「えびら(箙)」と名付けられる)という「グラフ」の構造が例としてでてきたからだ．

表現論は馴染みのない分野だ．「講演の中身は全然知らないことばかり．自分と同じ対象を扱っている，ということだけはわかった」．

えびら，とは，弓矢の矢を入れる矢筒のことだが，「エビの化け物ですか」といわれることもあるらしい．確かに1966年公開の怪獣映画にはゴジラなどとともに「エビラ」が登場する．それが由来ではなく，年次報告で「専門語には日本語訳をつけろ」といわれ，中島が英和辞書にあった未知の訳語である「え

びら」としたのが由来だ．

京都ICMの後，中島はルスティックの二つの論文を持ち歩き，読みこなそうと頑張った．

「自分の調べたい空間に本当にえびらが応用できるとわかるまで2年．自分の仕事と関係があるとわかったその瞬間，全体が見えましたね」．

92年初めの東大本郷キャンパスの研究室でのできごとだった．「モジュライ空間が一つ一つではなくて，無限個の系列として出てくるのです．それ自身一つの空間ですが，その系列を全部一度に考えるとある構造が見えてくるなんて，全く予想していなかった」．

そのときに得た多様体は今「えびら多様体」といわれている．

微分幾何学の動乱時代

時間を遡ろう．1984年，中島は東京大学理学部数学科の4年生．数学研究の基本を叩き込まれる「セミナー」が始まる学年である．中島は，微分幾何学の落合卓四郎についた．そのセミナーの厳しさは「体育会系」と振り返られるほどである．主となるセミナーひとつ，自主ゼミ二つが必須．落合が指導する主セミナーでは，発表者の準備が不十分だとすぐにストップ

だったが，中島にその経験はなかったという．

その前から，幾何学，特に微分幾何の最前線が変貌しつつあった．理論物理の発展から，多様体上の非線形偏微分方程式，たとえば重力場を表すアインシュタイン方程式や，素粒子論におけるゲージ場を表すヤン－ミルズ方程式の表す世界が研究の対象となり，その解の存在が問われるようになった．空間自身が曲がっている世界での方程式は純粋に解析学だけでは扱いきれず，幾何学独自の方法が絡まる．逆に，解の存在がわかれば，面白い幾何学が可能だ．幾何学者にはそこがおもしろいのだが，専門以外のいろいろな方法を幅広く学ぶ必要がある．

中島らを，リーマン幾何学，非線形微分方程式の理論，微分幾何学とリー群論，と毎日休むことなく数学に追い立てたのは，そういう幾何の最前線に一刻も速く追いつかせようという落合の「こころ」だったのだろう．

中島は大学院に合格した後，さらに「調和写像」の講義録を

読まされた．微分幾何に登場する非線形偏微分方程式の基礎の基礎であった．

滑らかに「離陸」

「自分は非常にラッキーでした」と中島は臆面もなくいう．初論文からそうだった．

松本幸夫の位相幾何の授業がきっかけだった．1982 年，4 次元の位相幾何学に物理から持ち込まれたゲージ理論を使って衝撃的な結果を出した英国のサイモン・ドナルドソンの理論が紹介された．中島は興味を持って一冊の本を読み，その中の「コンパクト性定理」を高次元化する，というレポートを松本に提出した．調和写像で学んだ同様の定理を焼き直しただけであった．それは松本の目に止まり，「論文にまとめよ」．初論文で修士論文の一部になった．

「自明に見えた．こんなことで論文書いていいのか」と思った，と中島はいう．これが「離陸」の始まりだった．

修士課程を終えて東大数学科の助手になっても，ラッキーは続いた．先輩の深谷賢治（現・ニューヨーク州立大学ストーニーブルック校教授）のセミナーで聞いた一つの例から「4次元多様体上のアインシュタイン計量のコンパクト性定理」が証明できると閃いた．しかし，証明は一人ではしきれない．板東重稔(現・東北大学)，加須栄篤（現・金沢大学）と共同研究し，1989年に論文を仕上げた．3人の頭字をとって通称「BaKaNa」論文とあだ名された．中島は「これで研究の仕方を学んだ」と述懐する．

難問，モジュライ空間に挑む

さすがに，するする行き過ぎる．中島は今までとは毛色の違うことを，と思った．取り組んだのが英国のマイケル・アティヤーらが始めた偏微分方程式とモジュライ空間の問題だった．

ある偏微分方程式を単に解くことや解存在の証明にとどまらない，というのが問題の方向だ．偏微分方程式の解はたくさんある．その解の「全体」がつくる新しい「空間」を考え，その性質を調べるというのがモジュライ空間的な考えだ．

「新しく設定した空間は，もともとの偏微分方程式が働いて

いる空間の性質を反映している．そっちを調べれば，偏微分方程式の理解はさらに深くなる」と中島はその魅力を語る．

モジュライ空間は，もともと複素解析や代数幾何学の概念だ． 中島は，解析的方法の知識はあったが，代数幾何には馴染みがなかった．

「代数幾何の基礎となる飯高茂先生の可換環論の講義を受けたんですが，落ちこぼれた……．それまでに取り組んだケーラー幾何が近いので，多少は……」

1987 年に偏微分方程式の解が存在する条件が代数幾何のことばで書ける，というヒッチン＝小林対応が提出されていた．「偏微分方程式なんてわかっているつもりだったけれど，代数幾何と関係しているとは思ってもいなくて」と衝撃を語る．

代数幾何を極めようと取り組んだのが，向井茂（現・京大数理解析研）の $K3$ 曲面の理論だった． $K3$ 曲面は広がりのない実 4 次元（複素なら 2 次元）の空間だ． 向井はそこで「ベクトル束のモジュライ」を調べていた． 一方，中島は，無限に広がった空間で，偏微分方程式の解がつくる空間として「ベクトル束のモジュライ」を調べていた．

「やっぱりお手本があったんですが，無限に広がった空間で

は，それ特有の問題点がいっぱい出てくる．出来るだろうなと予想はしたけれど，苦労はけっこうあった」．そしてできたのが，「ALE空間上のインスタントン」の研究だった．

これをきっかけに89年，中島は米国カリフォルニア大バークレー校の数理科学研究所（MSRI）でクロンハイマーに出会い，彼との共同研究で「えびら」を知るのである．

世界に広がるえびら多様体

幾何の研究者は表現論を知らず，表現論の研究者は幾何を知らない．えびら多様体の成果はなかなかわかってもらえなかった．

しかし，94年，弦理論に詳しい物理学者のクムラン・ヴァファ（ハーバード大学）から「エドワード・ウィッテンとの共同研究の内容がお前の仕事に関係あるのでは？」というeメールが来た．「いわれてみると，ぴたり．モジュライ空間の系列の構造が，保型形式と関係しているというんです」．頭を殴られたような衝撃だったが，「確かに，いい流れ」と嬉しそう．

中島は大学学部時代，物理は「理論がアバウト」として数学の道を選んだ．今，素粒子理論などの物理理論を数学側から見て興味津々のようだ．「いままで想像していなかったところにつながりがつけられることが非常に多い．調べれば豊富な数学的構造があるので，理論として間違いなく意味がある．でも，物理としてはどうなんでしょう……」とちょっと物理学者のことを気にしているらしい．

「現代数学」2015年5月号収録

中島 啓（なかじま・ひらく）

1962年東京生まれ．東京大学理学部数学科卒業後，87年同大学院修士課程修了．東北大，東京大助教授，京都大大学院教授などを経て，2008年から同大学数理解析研究所教授．2018年4月より東京大学カブリ数物連携宇宙研究機構教授．03年コール賞，14年学士院賞など受賞．専門は表現論・代数幾何学・微分幾何学．

石井志保子

文＝内村直之

日本の女性数学者は少ない．
女性であるがゆえに避けられない壁がいくつもあるからだろうか．
しかし，数学が何よりも好き，とそんな壁をものともしなかった人もいる．
自分の夢を絶対に叶えようとするそのしなやかさに感動するのである．

「小人 例を忘れ あるいは 例に溺れる」

（石井志保子著『特異点入門』，シュプリンガー・ジャパン，1997年，34ページ）

——これ，中国の格言みたいですが…….

石井　ふふ，自分のことです．数学を研究していて感じたことです．

——え，どうやってみつけたんですか？……

体験が産んだ「エピグラフ」

2013年，石井は「マザー・ジャコビアン・ログ・カノニカル」という特異点を導入した．「この特異点は必ず S_2 という環論的な性質を持つ」が，絶対に成り立つはず，と思った．2，3ヶ月考えた．それは当たり前だと思えた．

ある日，共著論文もあるイリノイ大シカゴ校の数学者ローレンス・アインにその考えを打ち明けた．すぐアインは「シホコ，こんな例があるよ」と，反例を示した．「あ，そうか」．石井の予測は見事外れた．「ちょっと考えれば分かることなのに」．「例を忘れ」である．

逆もあった．10年ほど前，例ばかり作っていた．やってもやってもなぜそうなるのかわからない．ずっと後，やっとその問題

の構造をみつけた．「例をたくさん計算するだけではわからない深い本質がありました」．「例に溺れ」だ．

同書の各章冒頭には，短いエピグラフがある．ほとんどは自らの経験から生まれたものだ．

「努力と結果は比例することもある」（第 1 章）

「あらゆることがまちがいの原因になりうる．似た記号，乱暴な字，ゆうべのアルコール，先生の助言……」（第 3 章）

「魅力的な仮説は証明できない．大定理は証明が間違っている．証明が正しければ主張は自明である」（第 5 章）

「混乱したら整理するまで混乱したままである（時は解決してくれない）」（第 7 章）

「世間のいざこざが時間がたつうちに自然に収まっていること，ありますよね．でも，数学の場合，それはない」と石井．数学人生の機微にここまで敏感なのは，「苦労人」だからか．

長く曲がりくねった数学の道

富山県立高岡高校を卒業した石井は，1969 年，東京女子大文理学部で数学を学び始めた．代数幾何学，つまり代数方程式で表される図形を厳密な代数学で解明する数学に出会ったのは4年生のセミナーだった．「この先に面白い世界が広がっている」．早稲田大大学院修士課程に進み，有馬哲教授に就いて代数幾何学を本格的に学び始めた．テキストはデヴィッド・マンフォードの「レッドブック」とジャン＝ピエール・セールの「代数的連接層（FAC）」論文だった．

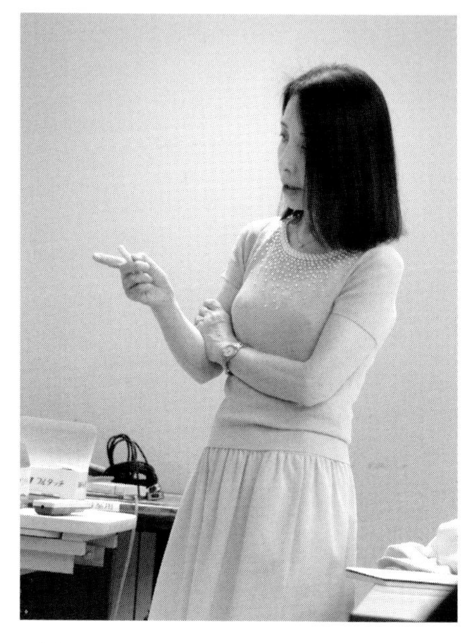

「今まで見えなかったのに，奥底を探るとこういう仕組みがあったと発見できたときは嬉しい」と石井．修士論文「射影多様体の可縮問題」では，未知を解明する喜びに浸った．当時，女性数学者は少なかった．「私より上では，指折り数えられるくらい」と回想する．

修士修了後，学部時代から知る同郷の自治省官僚，石井隆一（現・富山県知事）と結婚，勤務先の金沢市に赴いた．籍はなかったが，金沢大の教員たちの好意で，数学教室や図書室に出入りを許され，セミナーにも参加した．

法学部出身の夫は妻のひたむきさを評価しながらも，英語論文を読む姿に首をかしげた．妻の数学が「本物かどうか」の見極めはまだついていなかった．論文をドイツの専門誌に投稿し，1回の数学会年会で発表2つをこなすなど，妻は「実績」を見せた．夫は「本物」と認め，応援が始まった．

東京へ戻り，石井は東京都立大理学部の大学院博士課程に入った．そこには，代数幾何学・特異点論の若手のホープ渡辺敬一（元・日本大文理学部教授）と宮岡洋一（元・東京大数理科学研究科教授）が助手でいた．「バリバリの２人が活躍していた」．石井の興味は，数学的対象すべてを集めた集合の幾何的構造を調べるモジュライ問題と特異点問題に移った．

出産と子育ても重なり，博士課程は休学期間も含めて５年に及んだ．「よくあきらめずに……」と向けると，「他の喜びを見つけられる人は他へ行くんでしょうけれど，私は不器用で，数学が分かる喜びが一番大きかった」と話す．「包丁を握りながらでも数学は考えられるし……」．

博士課程在籍中に数本の論文を出したが，アカデミック・ポストにはなかなか結びつかなかった一方，励ましも多かった．夫の転勤先の北九州市に在住したときも，九州大や産業医科大の数学者に助けられた．夫はこういった．「数学をやめることはいつでもできる．もうすこし頑張ってチャレンジを続けたらどうか……」．

幸運が微笑んだのは1988年，東京へ帰って，九州大での助手公募を知った．子供は小学生だし，九州は遠い．世間の冷たい風も感じた．しかし，夫が背中を押した．「最初の職を得ることが肝心だ．一旦得れば，いずれ移るのは可能だろう．」（石井志保子「多くの人に支えられて」＝『数学のたのしみ』2004年夏号＝から）．

応募は見事合格．東京と福岡の往復は大変だったが，人を育てることの難しさ，面白さは，それまで見えなかったものだった．2年足らずで東京工業大の助手に転出した．89年，長い遍歴の日々を乗り越え，学問も生活もやっと軌道に乗った．あとは数学に打ち込むのみ．

特異点，そしてナッシュ問題へ

代数方程式の零点の集合が作る図形（代数多様体）は，とんがったり二重になったりといろいろな異常な点＝特異点を持つ場合がある．それは厄介ものだった．そのために知りたい情報が得られない，美しい構造が崩れる……．しかし，次第に特異点は石井の愛しいものになった.

後にフィールズ賞を受ける森重文の極小モデル理論で特異点が大切とわかってきたのも追い風だった.特異点に「いいもの」「悪いもの」がある.東工大時代,石井は,代数多様体の特異点の分類と変形理論に没頭した.特異点の性質の同定・分類と同時に,方程式のパラメータを少しずつ変化させたときその性質が変化するかどうか,の追求が変形理論だ.方程式を変形しても性質が変わらない場合は「いい特異点」だ.この総まとめが『特異点入門』である.

2000年,石井は特異点のからむ新しい問題「ナッシュ問題」に出会った.1994年にゲーム理論の経済学への応用でノーベル経済学賞を受けたジョン・ナッシュその人が1968年に提出した問題である.それは,多様体上の微小な曲線(弧と呼ぶ)をすべて集めた空間「弧空間」の性質が,広中平祐が扱った特異点解消問題と深い関係にあるという主張だ.論文出版は95年だが,それ以前から世に知られ挑まれてきた.

2000年,英国ケンブリッジのニュートン研究所の講演で,石井はナッシュ問題と弧空間を知った.「なんと斬新! この方向でなにかやりたい」と強く思った.翌年,弧空間の理論を使って特異点の特徴を調べた理論も読んだ.

「ナッシュ問題は2次元で特殊な場合の結論があるだけで,あとはなにもない.もしかして高次元の方がわかりやすいかも」と,石井はプリン

ストン大のヤノシュ・コラーと共同研究,「ナッシュ問題の主張はトーリック多様体という特別の場合はすべての次元で成り立ち,そうでない場合は4次元以上で成り立たない」と結果を出し,関係者を驚愕させた.残った2,3次元でのナッシュ問題にも石井は取り組んだが,「できそうにない」と思わせられた.08年,スペインの小村でのナッシュ問題の集中講義で,自分の仕事を若手数学者に8時間にわたり熱を込めて紹介した.

石井の講義を聴いていたマドリッド大のハビエル・デ・ボバディラらが2012年,トポロジーの手法を使い2次元の問題を完璧に解いた論文を発表した.同じ年,フランスのドゥ・フェルネが3次元での結論をつけ,これでナッシュ問題のすべてに答えが出された.

解決したのが自分の講義の聴講者だったということが何よりの喜びだった.「ナッシュも喜んでいるでしょうね.私の結果に,ナッシュから『嬉しい』とメールが来たんです.コンピュータが壊れて失われ,そのメールは記憶の中だけ……」と石井.

「代数幾何にはまだまだ未解決問題があります.今,抱えているのは大小合わせて3つ.私の本の『教訓』を味わいながら取り組みたい」.

「現代数学」2015年6月号収録

石井志保子 (いしい・しほこ)

富山県高岡市生まれ.東京女子大学文理学部数理学科卒業後,早稲田大学,東京都立大学の大学院を経て,1988年九州大学助手.東京工業大学教授から,2011年東京大学数理科学研究科教授.2016年同名誉教授.東京女子大学特任教授を経て2019年から中国・清華大学教授.1995年猿橋賞,2011年日本数学会代数学賞受賞.専門は代数幾何学.

松本　眞

文＝里田明美

統計や工学など確率現象のシミュレーションに，高性能な乱数は欠かせない．
松本眞さんは，限りなく，でたらめな数を吐き出し続けるアルゴリズム「メルセンヌ・ツイスター（MT）」の生みの親である．
数学を実用に応用した代表的な研究だが，実は純粋数学を突き詰めたからこそ生み出された傑作でもある．現在はさらに進化したアルゴリズムを研究している．

「比較的簡単な関数で定義された図形なのに，グラフが描けない．そういう得体のしれない図形の体積を求めるときは，メルセンヌ・ツイスター（MT）を使ったモンテカルロ法が有用です」

保険の適正な掛け金を割り出す計算や，株価の変動など，勘案しなければならない要素（次元）が増えれば増えるほど，グラフは複雑になる．4次元どころか100次元，1000次元の図形の体積を求めることになる．当然，求めたい値も求めにくい．

ここでMTの登場だ．高性能の乱数を使って高次元空間内に点を打つ．その点が定義式を満たすかどうかで，図形内に入っている点の個数を数え上げ，高速かつ精密に体積の「近似値」を導く．これがモンテカルロ法だ．

「2のべき乗 −1」が素数となるメルセンヌ素数にヒントを得て開発されたMTは，$2^{19937}-1$という膨大な周期ででたらめな数を吐き出す．世界中の研究者は何千回，何万回とシミュレーションを繰り返し，起こり得る可能性を検証する．

MTは現時点で最良の手法とされている．しかし開発者として一つ気になる点があった．

「積分に特化したシミュレーションで，もっと少ない個数の乱数で誤差を減らせないか．高次元の関数の分布を速く正しく計算するアルゴリズムを作れないか……」

ランダムに n 個の点を取ったモンテカルロ法の場合，近似誤差は $1/\sqrt{n}$ の速さで減少する．つまり誤差を 100 分の 1 にするには 10000 倍の個数の点が必要になるのだ．

現在，取り組んでいる準モンテカルロ法（Quasi- Monte Calro method ＝ QMC）は乱数を一切使わず，超一様点集合を扱う．「偏りがない」という意味では MT に通じるものがあるが，全く違う視点の数値積分だ．

「前の人がやっていたことに，新しいことを加えてうんと良くする．モンテカルロ法による遅い積分アルゴリズムで我慢している人たちの役に立てるはず」

斎藤睦夫，Kyle Matoba らとの共同研究で 2012 年，WAFOM（Walsh figure of merit）という超一様性を表す指標を編み出した．

WAFOM を使えば，n 点を使ったときの積分誤差を $1/n$ の速さで減らせることが分かった．モンテカルロ法の $1/\sqrt{n}$ よりもずっと効率が良い．三角関数や指数関数，3 次・4 次関数など，高校や大学で習うある種の特殊な関数では，$1/n^2$ に抑えることも可能だと分かった．

実際に計算の高速化も観測された．市販の数式処理ソフトで

8時間かかっていた積分が5秒で終わるなど，画期的な成果を見せている．いまは一連の成果について検証作業中だ．

MTを開発し，モンテカルロ法で頂点を極めた数学者は，準モンテカルロ法でもその頂上を目指している．

人類が手にした本物の魔法

研究の話を聞いていると，応用数学の専門家のように思えるが，違う．

「自分が面白いと思う数学の分野を手当たり次第，分かる範囲でやっていたら予期しない成果が挙がった」というのだ．

実はMTとWAFOMには180年以上前にガロアが見つけた「1＋1＝0となる数学」を取り入れている．実数世界ではありえない概念だ．

「『1+1=0』はコンピューターがなかった時代には，ほとんど実用性はなかった．しかし，1+1=2という当然の概念を打ち破り，1+1=0となる想像がつかない世界で研究が深く長くなさ

れてきたからこそ，180 年の時を経て役に立った」

1+1=0 は 1 と 0 の世界だが，桁だけがどんどん繰り上がる二進法とも違う．松本さんが「ちりも積もればちりのまま」と表現するように，どれだけ足しても桁は繰り上がらず，実数の常識からは考えられない不思議なふるまいをする．

「数学は人類が手にした本物の魔法．『1+1=0』の呪文がコンピューター全盛の時代に予想もしない形で生き，その定理を使って積分を速くすることができるのです」

加えて，WAFOM には，「代数幾何符号（ゴッパ符号）」という理論が使われている．1970 年代に優れていると評価を受けたが，元のデータを復元するのに時間がかかったため，実用には供されず，純粋な研究だけが進められてきた．

純粋数学の豊かに深化した理論に，自身が身に付けた幅広い知識とアイデアを組み合わせ，新たな数学を作りだしている．

「研究者が『何かに役立てよう』と狙いを定めて研究を進めるのも大事だけど，特に数学は狙いを定めず，『ただ純粋に面白い』

と，のめりこんで，真理にたどりつくもの．そうしてそれぞれの分野が進化かつ深化して思わぬところで結びつき，芽を出し，実を付けることがある．まるで生態系のようです」

役に立つことを度外視して，面白いこと，不思議なことを追究する．結局それが有益なものを生み出すのだろう．

幼稚園のときにルートを計算

人並み外れた数学への興味と，深く考える姿勢が幼いころからあった．生まれつきの数学者なのかもしれない．

幼稚園に入る前から父・勉(つとむ)さんに循環小数を教えてもらい，入園後には，開平法や微分を習った．父は知っている範囲で何でも質問に答えてくれ，説明できないことについては本を買ってきてくれたという．

5 歳のときにはすでにルートの計算もできていた．面白いと思ったことには夢中になる性格で，正六角形をした菓子の缶の面積を分数だけで求めようとして，10 日間考えたこともある．結局，近似はできても，$\sqrt{3}$ を使わないと正確には求められないと気付いた．

小学校に入ってからは数学の背景にある真理について考えるようになった．

$\sqrt{3}$ は 1.7320508…，π は 3.1415926…．どうして両方とも，小数点以下がずっと続くのだろう……．しかも循環しない理由はどうすれば示せるのだろう……．

そんな疑問を一部解決してくれる出会いがあった．

交通事故で入院した小学２年のときだった．同じ病室には東大法学部の４年生がいた．そこでこの疑問をぶつけると，その東大生は，紙に式を書いて説明を始めた．

もし $\sqrt{3}$ を循環小数と仮定したならば，どんな矛盾が生じるか，素因数分解の一意性を使って説明してくれたのだ．その「証明」に心が躍り，初めて納得できたのを覚えている．

麻布中・高時代は，物理部無線班で電子回路の設計に熱中した．はんだ付けの技術に加え，電気工学，複素数，フーリエ変換といった分野を自然に学んだ．東大進学後は，面白いと感じる純粋数学を深め，自由に扱える理論や定理の引き出しを頭の

妻は漫画家の明智抄さん㊧．妻の実家がある東広島市で暮らし，田植えや稲刈りを手伝う．普段，頭はフル回転しているが，トラクターや田植え機に乗っているときはリラックスできる時間という．

中に増やしていった．

腑に落ちるまで知りたい

独特のユーモアと，絶妙なたとえで数学を語る．自身のことは「真理の奴隷」と称する．自虐的な冗談にも聞こえるが，この言葉には，数学を愛する気持ちが詰まっている．

「数学の世界では，『何かを見つけて面白かった』では止まれない．背景にある真の理由に到達したい気持ちに駆り立てられる．そして知れば知るほど，さらに知るべきことが増える」．数学は真理を追究する学問であり，真実に近づけば近づくほど，豊かな世界が広がっている．だから途中で探究をやめるわけにはいかないのだ．

そして，数学において証明こそ，知らない世界を探究する唯一の手段だという．

「証明は人類が持つ唯一の確かな確認手段．三段論法をどれだけ繰り返しても崩れない強さがある．数学には，人が見ることも，想像することもできないことを探究し，実現する力がある．実験も観察もできないことが証明により確認できる．目の前にありありと，顕微鏡とは全く違うディテールで見せてくれる．こんな弱い人間でも無限に確かな事実を証明できる．それこそが数学が自由であるということの証であり，素晴らしさなのです」

「現代数学」2015 年 7 月号収録

松本　眞（まつもと・まこと）

1965 年東京生まれ．東京大学理学部情報科学科卒業．大学院修士課程の後，博士課程在学中の 90 年，京都大数理解析研究所助手．慶応大，九州大などを経て，03 年広島大大学院理学研究科教授．10 年から東京大大学院数理科学研究科教授を務め，13 年再び広島大へ．99 年日本 IBM 科学賞，08 年日本学術振興会賞，14 年藤原洋数理科学賞などを受賞．

谷口説男

文＝亀井哲治郎

ひとが数学者としてその道を歩むとき，道程はさまざまである．
谷口さんは，曲折した少年時代を経て，数学の道に進んだ．池田信行，D. W. ストルック，P. マリアヴァンという3人の個性豊かな数学者との出会いが，その後の人生を決定づけた．
時あたかも現代確率論の変革期だった．

いま，九州大学では教育改革が進行中だ．「生涯にわたって自律的に学び続ける姿勢をもつ人材育成の端緒となること」を目的に，基幹教育カリキュラムを作成し，2014年度の1年生から導入した．その推進役の一人として奮闘する．

たとえば，全学の1年生2600人を，各20名ずつ，同じ学科が重ならないように130の文理融合クラスに分けて行う「基幹教育セミナー」や，50名ずつのクラスを3名の教員で担当する「課題協学科目」など，いくつもの新しい試みがなされている．

教育の成果が現れるには長い時間が必要だ．谷口さんはエッセイ「屑籠(くずかご)は一杯ですか？」(『数学セミナー』2013年6月号)の中で，次のように書いている．「自律的に生涯学び続ける姿勢を支えるのは，結果に向けて長い道のりを歩き続けていく力です．屑籠にたまる反故(ほご)紙の多さをよしとし，解答に向け長く彷徨(さまよ)うことができる人が増えてくれることを心から願っています」．

「屑籠にたまる反故紙の多さをよしとする」とは，自身の貴重な経験を踏まえた言葉なのだが，そこに至るまでの歩みから辿っていこう．

文学少年が数学科に

生まれ育った河内長野市は，60年近く前は一面に水田が広が

る田園地帯だった．文房具屋の一隅でわずかに本が売られていただけだったが，中学時代，函入りの旺文社文庫を手当たり次第に読んだ．「小説家になりたい」と思っていたという．

いちばんの愛読書は武者小路実篤の「馬鹿一」シリーズ．馬鹿一こと下山一は，石の絵ばかりを描く，一風変わった画家だ．谷口さんは，馬鹿一のひたむきな姿勢よりも，むしろ彼を温かく見守る白雲子という洋画家に憧れた．

府立今宮高校では「絵を描きたい」と美術部に入るが，仲間との技量の差を思い知らされた．絵の道は諦めたが，美術部の仲間たちと，さまざまな本を読んで議論を闘わせた．ニーチェ，ショーペンハウエル，……．デカルトの「我思う，故に我あり」に接したとき，「ようやく腑に落ちた」という．ベルボトムのジーンズにテニス着風のセーターを羽織り，髪は肩まで伸ばして，制服のない自由を謳歌していた．

「ふつうに大学に行こう」と大阪大理学部数学科を受験．なぜ数学科に？「数学はほかの科目よりもよく理解できたことと，定義という約束事から出発して論理的に思考を積み重ねていく数学の思考法が，性に合っていたのでしょう」

谷口説男

池田信行先生との出会い

数学科３年後期に池田信行先生の授業を受けたことが，その後の人生を決めたといってよい．迂闊なことに，池田先生が確率論の最前線で活躍するすぐれた数学者であることを，そのときは全く知らなかった．テーマは「熱方程式を手で解く」．熱方程式は偏微分方程式論の基本概念だ．授業は講義形式でなく，毎時間，池田先生が出題する問題を解いていく．池田先生は机間を巡回して，アドバイスをしたり学生と言葉を交わしたり，ときにはお目玉が落とされたが，なにか温もりが感じられ，授業は新鮮な魅力に溢れていた．「よし，４年生のゼミはこの先生に就こう」と決心した．

ゼミは，池田先生，助手の重川一郎さん，谷口さんの３人だった．ときどき，「なんや，こんなことも知らんのか！」と叱られたが，見かねた重川さんから「きみは幾何が弱いから」と誘われて，夏休みに２人でリー群の本を読んだ．やがて次第に確率

基幹教育棟から延びる渡り廊下は，直線で 100m 近くある．伊都キャンパスの新名所だ．

論の面白さに引き込まれ，修士課程，博士課程へと進むことになる．

時はまさにマリアヴァン解析の草創期だった．マリアヴァン解析は，1970 年代後半にポール・マリアヴァンによって提唱された「全く新しい経路空間上の解析学」である．当初はまだ《原理》の提唱の段階で，その後 80 年代半ばにかけて解析学として完成されていくのだが，そこにはマリアヴァン，ストルック，ビスミュたちに加えて，池田信行，渡辺信三，楠岡成雄，重川一郎など，日本の数学者たちの目覚ましい貢献があった．

2 人の師 ──ストルックとマリアヴァン

1981 年夏，琵琶湖畔堅田(かたた)での谷口シンポジウムのあと京都大で開催された国際会議に参加して，マリアヴァン，ストルックとの面識を得た．その縁で 1983 年 -84 年と 1992 年 -93 年の各1年間，ストルックのもとで研究生活を送り，共著論文も生まれた．とくにストルックから「ものの考え方や生き方のスタイル」を学んだことが大きいという．たとえば，「研究であれ，論文であれ，自分流のスタイルを決めて進めることが大切だ」「ほんとうに分かりたいと思うなら，本を書け」という言葉が深く心に刻まれている．

1998年，マリアヴァンの誘いを受けて谷口さんはパリに赴く．セーヌ川の中洲サン・ルイ島にある高級アパルトマン最上階のマリアヴァン家での合宿共同研究だ．約1ヵ月間，2人だけで，終日，数学を語り合う．気晴らしにルーヴルやヴェルサイユに出掛けても，道中ずっと数学の話ばかり．しかし成果は上がらない．息詰まるような毎日だった．ある日の夕方，落胆する谷口さんに，マリアヴァンは「屑籠の中の紙くずが多いほど良い研究なのだ」と言って，笑いながら，ビリビリと計算用紙を引き裂き，屑籠に捨てた．「成果への長い道のりにこそ意味があると教えられました」と振り返る．

左／マリアヴァンさんと谷口さん．
1995年頃，福岡の筥崎宮にて．
右／マリアヴァンさんの逝去後に作られた記念メダル．（写真提供：谷口説男さん）

大阪で過ごした青春時代には一度も行けなかった歌舞伎に，いま博多でしばしば足を運ぶ．ポスターは玉三郎と獅童が出演の『将門』．「『高野聖』での玉三郎の妖艶さに打ちのめされたのに，絢爛豪華さに惹かれて，観ていない演目のポスターを買ってしまいました」と苦笑する．

マリアヴァンは30歳も若い谷口さんに，まるで孫のように接した．「いっしょに数学をやろう」と何度も共同研究に誘われ，また海外や日本でも交流があった．そして現在も，マリアヴァンと始めた停留位相に関する研究を継続している．

「僕はもともと『こういう数学をやりたい』という明確なヴィジョンがあって進んできたのではなく，人との出会いがきっかけで面白いテーマとめぐりあうことができた．それはとても好運なことでした」と，谷口さんは述懐する．

「現代数学」2015年8月号収録

谷口説男（たにぐち・せつお）

1958年大阪府河内長野市に生まれる．1980年大阪大学理学部数学科を卒業．大阪大大学院博士課程2ヵ月を終えた1982年6月，九州大工学部応用理学教室助手となる．以来38年間，九州大に在籍．大学院数理学研究院教授を経て，2013年より基幹教育院教授．副院長を務めたのち，2018年より院長．専門は確率解析学，とくにマリアヴァン解析．

高浜虚子揮毫の書「理学部は薫風楡の大樹蔭」を背景に，理学研究院長室にて．

寺尾宏明

文＝内村直之

一直線上に木を植えていく．両端にも植えれば，「植木の本数＝木の間の数＋1」．そんな植木算を n 次元空間に拡張したらどうなるのか．それが超平面配置の問題だ．

小学校の数学的発想も，現代数学の最先端に通じる．自由自在な数学の世界を行ったり来たりする北の数学者の行く先は…….

数学者といえば，アタマの中は数式と論理でいっぱい，という印象が巷にあふれている．

けれど，そんな数学者ばかりじゃない．

東京大学には入学直後から「グロタンディークはね……」と，集まれば偉大なる数学者のゴシップに花を咲かせるガチンコの「数学青年」があちこちにいた．東京生まれ，名門私立校出身の寺尾宏明は，都会的なスマートさでひと味違う雰囲気を漂わせていた．

たとえば，東大理学部数学科4年の秋，寺尾は当時評判のクイズ番組『クイズグランプリ』(フジテレビ系列で放送)に出場した．スポーツ，芸能・音楽，科学など6つのセクションに10点から50点までの難易度に分けられた問題が並び，月曜から金曜までのそれぞれの予選を勝ち抜いたクイズマニアが土曜日にヨーロッパ旅行を賭けて勝負するという趣向だった．

「家で番組を見ていると，けっこう答えられる．これならと思って応募したんです」．得意分野は歴史・文学で芸能も強かった．その結果，チャンピオンとしてヨーロッパ旅行の権利を勝ち取ってしまった．放映の翌週，東大数学教室は，寺尾の話題で持ちきりになった．そんな思い出を語る寺尾は「ふふふ」と笑って目を細めた．

私が会った数学者にはクラシック音楽に造詣の深い人もいれ

ば，山の中で出会う野草の名前を片端から教えてくれる人もいた．なにを聞いても答えてくれる物知りも数学者にはたくさんいる．寺尾もそのカテゴリーの数学者だ．

おずおずと数学の舞台へ

小学校時代は算数大得意少年ではなかった．独自の中高一貫教育で知られる麻布学園中２年のとき，「論理学」を徹底的にやる授業で，ちょっとこの世界に目が開けた．高校からは，ハイブローな受験数学雑誌『大学への数学』の学力コンテストに参加，成績上位者の常連だった．

70 年安保・学園闘争の時代だが，入試中止にも引っかからず，東京大学に入学．数学は「天才中の天才のいる怖い世界」とは思っていたが，友人と松島与三の『多様体入門』などを読

むうちに「ひょっとすると，将来自分も活躍できるかも？」と数学科への進学を決意したという．

67年に米国から東大に戻ったフィールズ賞受賞者の小平邦彦へのあこがれも強かった．数学科4年では小平の代数幾何のセミナーに参加した．しかし，小平は退官を控えていたからか，学生指導を講師の飯高茂に任せていた．4年から修士課程に進んだ秋，飯高がいう．「キミに紹介したい人がいる」．ドイツ・ゲッチンゲンから帰ってきて駒場の東大教養学部に赴任したばかりの複素解析学・複素解析幾何学の若手の雄，斎藤恭司だった．寺尾は彼に預けられた．

結果的に，寺尾に対する斎藤の指導はピッタリだった．やろうとする数学の全体像を大づかみにしながら，ひとつひとつの例を大事に育て，きちんと計算する．抽象性より具体性を重要視する斎藤の方針が性に合った．当時の代数幾何学は抽象性へ突っ走っていたから，寺尾の好みを飯高が見抜いて斎藤に預けたのかもしれない．

寺尾宏明

超平面が交わる世界

「これはこうなっているんですよ」．斎藤が，京都の喫茶店で紙ナプキンに書きながら寺尾に説明した数学が，「超平面配置」だった．

「n 次元アフィン空間内の $(n-1)$ 次元アフィン部分空間」を超平面といい，それがもとの空間をどう分けているかを調べる数学が，超平面配置の問題だ．たとえば「植木算」，1 次元の図形である直線をゼロ次元の図形である「点」で分割するときに「有界な間」の数は「点の数 -1」であるというのはその最も簡単な例だ．さらに 2 次元平面を 1 次元の図形，つまりいくつもの直線で分割したときに，どのように部屋に分かれるか，というだけで複雑な話になる．

1971 年，クロアチア生まれの離散幾何学者ブランコ・グリュンバウムは，論文で初めて超平面配置という言葉を用い，2次元平面がいくつもの直線によって三角形の部屋に分割される多数の例を紹介した．論文にはきらめく「星」型図形が何十種類も見える．ブルバキ流の一般化・抽象化に逆らい，あくまでも目に見える具体的な数学をグリュンバウムは目指した．それだけでは高みには届かない．超平面の交わり方を調べる抽象的数学がどうしても必要になる．

MITで博士号を取ったトーマス・ザスラフスキーは1975年，植木算の原理を高次元で考え，超平面配置の「部屋数」をその「交差半順序集合」と「メビウス関数」で表す公式を求めた．これが超平面配置の抽象数学の始まりだった．

時期は熟していた．超平面配置は，代数幾何，位相幾何，超幾何積分など多様な文脈中で注目され，各地で研究が始まった．日本でも青本和彦が超幾何積分から，服部晶夫が位相幾何からの研究を進めていた．斎藤はもちろん代数幾何で追求，「因子」あるいは「自由因子」という概念との関係でとらえることで，道を見出していた．寺尾も同じ道で斎藤と切磋琢磨した．

修士を終えた後，東京・三鷹の国際基督教大学（ICU）に職

を得た寺尾は，緑のあふれる環境の中で数学に打ち込んだ．そして，超平面配置に登場する代数的な不変量である「指数」と幾何的な不変量である「ベッチ数」が，ポアンカレ多項式という存在を通じてお互いに決め合ってしまうことを見つけた．ポアンカレ多項式が指数の入った一次式に因数分解されるという美しい公式になるので，通称「寺尾の分解定理」という．81年に発表した論文「Generalized exponents of free arrangement of hyperplanes and Shepherd-Todd-Brieskorn formula」はいまだに引用され続ける「自信作」である．

政策選択への応用も

国内ではこの結果にぴんとくる人は少なかったようだが，論文はフランスのブルバキ・セミナーで紹介され，世界に知られた．「こういう見方もあるのか，と自身も勉強になる紹介でした」と，寺尾は思い出す．翌年，米数学会の夏の研究会，サマー・インスティテュートで講演した．偶然だったが，超平面配置の第一人者，ピーター・オーリックとルイ・ソロモンに会った．交差半順序集合を記述するオーリック－ソロモン代数の家元である．この出会いは，寺尾が海外で活躍するきっかけとなり，オーリックと超平面配置に関する教科書を書くことにもつながった．

数学以外の世界でも超平面配置の面白い応用がある．経済や社会で政策選択をしなければならない場合，ノーベル経済学賞を受賞したケネス・アローが示した「選択肢が3つ以上あるとき，万人が納得する政策選択が原理的にできない」という「アローの不可能性定理」がある．この定理は超平面配置の理論を使えば，容易に証明できることが，経済統計学者の紙屋英彦，竹村彰通との共同研究で示されているのだ．

アローの定理は，最も納得のいく政策の決め方を追求すると，だれか一人の言うとおりにする「独裁制」になるという民主主義には「困った」定理だが，修正を施し，どのように政策選択の方式を決めるか，を考えるのにも，超平面配置の数学は役に立つと，と寺尾は期待する．

ウィスコンシン大，北大，都立大（現・首都大学東京）と移った寺尾は今，北海道大学に落ち着いた．超平面配置の研究グループも持ち，09年には200人ほどを集めた研究集会も主催した．「本州を離れている札幌は，違った雰囲気もあっていいですね」と，「北の数学」を満喫している様子である．

「現代数学」2015年9月号収録

寺尾宏明 (てらお・ひろあき)

1951年東京都大田区生まれ．麻布学園中高から74年東京大学理学部卒業．同大学院を経て国際基督教大学，ウィスコンシン大学，都立大学などで勤務の後，2006年から北海道大学教授，15年から同副学長・名誉教授．17年に東京に戻り，首都大学東京客員教授．非常勤で東京工業大学新入生向けの講義を担当．10年日本数学会代数学賞．

金井雅彦

文＝亀井哲治郎

金井雅彦

「ご専門は？」と尋ねたら，「幾何学です」と明快な答えが返ってきた．そして具体的に語られた金井さんの《幾何学の世界》はさまざまな数学が豊かに交錯する，じつに興味深いものだった．

しかし，金井さんが専門を幾何学と定めるまでには，紆余曲折した，青春の彷徨があったのである．

《論理の彼岸》，大出晁先生，廣瀬健先生

《論理の彼岸》という言葉に出会ったのは，たしか高校１年生のころ，カミュの『シーシュポスの神話』の中だったかもしれない．人間がものごとを論理的に考えるとき，はたして論理というものは万能なのだろうか，それとも限界があるのだろうか．もし限界があるならば，それが《論理の彼岸》であろう．——その後，何年間も，この言葉が心をとらえて離れなかった．

積年の宿題に解答を与えたのは，ゲーデルの不完全性定理だった．何かの本でこの定理を知ったのだが，まさに“目から

鱗”というべきか，大きな衝撃を受けた．

「これだ！　これこそ求めていたものだ！」

20歳の金井さんは慶應大工学部の2年生だった．「もっとゲーデルや論理学について勉強したい」との願望が湧き上がり，文学部哲学科の大出 晃先生に懇願して，科学哲学をまなぶ院生のセミナーに参加することを許された．

セミナーはモデル理論に関する洋書の輪講だったが，若き日にパリやベルギーに遊学した大出先生を中心に，格調高い雰囲気に包まれていた．セミナー後にはしばしば先生取って置きのブランデーが振る舞われた．当時助手だった西脇与作さんが手製のキッシュを持参して，それがブランデーととてもよくマッチしていたことも忘れられない思い出である．

一方で，数学としてのこの分野を学びたいという願望が次第に強くなり，門を叩いたのが早稲田大の廣瀬健先生．30代初めに「ヒルベルト第10問題」と格闘しタッチの差でマチャセヴィッチの後塵を拝した数学基礎論の研究者だ．「セミナーに出席したい」とお願いしたところ快諾，数学科4年のセミナーに加えられた．他大学の学生にもかかわらず，金井さんの希望を容れて，全く同等に発表の機会を与えてもらったことが嬉しかったという．ときには研究室で個人的に吟醸酒の指南を受けたこともある．人間味あふれる先生だった．

小畠守生先生

《論理の彼岸》からゲーデルへ，数学基礎論へと，少年時代からの関心を育んだが，その歩みを大きく転換させる出来事があった．数理工学科（のちに理工学部数理科学科）3年後期に履修した小畠守生先生の幾何学の講義でド・ラムの定理を知ったことだ．

「それまで微分形式に対しては,『一体これは何なのだ？』と，あまりその意義とか面白さがわからなかったのに，ド・ラム・コホモロジーまで来たとき，微分形式からこんなに面白いことが出てくるなんて，すばらしいなと，幾何学への興味が大きく掻き立てられました」

4年生のセミナーは迷わず小畠先生に就いて，ミルナーの『モース理論』を読み，幾何学への関心がさらに膨らんでいった．

ここまでの歩みを振り返り，「大出先生，廣瀬先生，小畠先生に温かく受け入れていただいたことは，私にはとても好いスタートでした」と金井さんは述懐する．とくに博士課程まで接した小畠先生からは人間としての生き方も学んだ．一言で表現すれば《凛として生きよ》. 小畠先生自身の姿だったが，私にはその後の金井さん自身の研究スタイルのようにも思える.

独自の数学世界を築きつつ

修士課程のころ続けていた「論文を書く」という目的での勉強に，あるとき金井さんは疑問を感じ始めた.「これでは勉強が上滑りしてしまう」. 深く，じっくりと考えることができないのだ. そこで一念発起. 論文を書くという意識をひとまず捨て去り，「目の前にある，面白いと思うことを，徹底的に理解しつくそう」と決意した. 博士課程１年のときだ.

そう腰を据えると，意外にも，新しい視野が開けてきた. 非コンパクトなリーマン多様体を“粗い(rough)”仕方で見るという問題意識だ.“粗い”意味でしか同じでないものがどんな性質を共有できるのか，それを研究することにより，学位論文を含む何編かの論文にまとまった.《粗い見方》は金井さんが自分で考え出したものだが，グロモフはもっと深く広い視点から同じようなことを考えていたという.

この仕事は一定の評価を得たが，金井さんはここで一旦立ち止まる.「これを

続けてもあまり好い経験は積めないだろう．もっと豊かな構造をもった対象を見据えたほうが，きっと将来の自分の数学を豊かにするにちがいない」．

新しい対象はすぐ見つかった．《モストウの剛性定理》である．

「この定理自身がとても美しいうえに，証明もまた格別に魅力的なんです」

それはこんな定理だ．

［**幾何学的定式化**］ M_1, M_2 を閉双曲多様体とする．ただしそれらの次元は3次元以上とする．もし M_1 と M_2 の基本群が同型ならばそれらは等長的である．

（金井雅彦「群作用に対する剛性問題」，『数学のたのしみ』

No.18, 2000 年 4 月より引用. この記事には定理をめぐる歴史や代数的定式化, 証明のあらすじも解説されている)

剛性問題は, 1960 年代以降, セルバーグの問題提起に始まり, ヴェイユ, カラビ, マルグリス, サーストン, ジマーといった錚々たる数学者たちも参画し, 表現論, 力学系, エルゴード理論などさまざまな数学が関わる. “豊かさ”の所以である. そして 30 歳前後の金井さんの世代が参画した 80 年代は, 群作用など, 問題を無限次元化して扱う時代に移行しつつあった.

「その少し前, サーストンが, 3 次元多様体を幾何化せよ, と問題提起していました. それならば群作用を幾何化するという発想もあり得る. 群作用とか力学系などが与えられたときに,もしそれに対して不変な幾何構造を見つけることができたら，その幾何構造は対称性をもつ可能性がある．そんなふうに考えたんです」

しかし，このテーマに本腰を入れて取り組む日本の研究者は皆無で，いわば孤軍奮闘だったが，「私はそのほうが好きなので」と微笑む．

金井さんは現在も剛性問題につながる研究を続けつつ，同時に「複比とその仲間たち」の研究にも取り組んでいる．複比はその歴史を古代ギリシャまで遡るといわれるほど古典的な概念だが，30 年ほど前，オタールの仕事によって新しい地平が拓かれた．これにシンプレクティック形式，シュワルツ微分といった概念が絡んで，金井さんの群作用に関する研究とのつながりも見つかったという．

「豊かに展開するのが楽しくてしかたがない」と語りつつ，「でも，妄想に終わるかもしれません．私の妄想を少しずつでも実現してくれる大学院生がいてくれるとよいのですが……」．

若者へのメッセージである．

「現代数学」2015 年 10 月号収録

金井雅彦 (かない・まさひこ)

1956 年東京生まれ．慶應義塾大学工学部数理工学科を卒業．同大学院を修了後，慶應大で 11 年間，名古屋大で 13 年間勤めたあと，2011 年より東京大大学院数理科学研究科教授．工学博士．専門は幾何学，とくに群作用などに対する剛性問題．1998 年日本数学会幾何学賞を受賞．

落合啓之

文＝里田明美

落合啓之

研究室の本棚には，表紙がぼろぼろになった１冊の本がある．「超局所解析」について書かれている『代数解析学の基礎』（紀伊國屋書店，柏原正樹・河合隆裕・木村達雄著）だ．大学時代，指導教官だった大島利雄先生のセミナーで，４年生から修士１年までの１年半をかけて読み込んだ．

「超局所解析は一番勉強した分野．複雑なものを部分，部分に分けて考える．これが私の思考のベースになっている」．表現論の分野で研究を続ける一方，CG 制作と数学の懸け橋となり，課題解決に努めている．

CG への応用

コンピューター・グラフィックス（CG）を用いて映像制作をしているオー・エル・エム・デジタル取締役，安生(あんじょう)健一さんらと

2010年から共同研究を進めている．産業に数学を応用する九州大学マス・フォア・インダストリの取り組みの一環で，JSTのCREST研究に認められた．

「私には芸術性やストーリー性はありません．でも数学がどうCGに寄与できるか興味があった．アニメーターが使いやすいツールを提供し，負担を軽減したい」．1秒間に24コマが必要なアニメーションをもっと効率よく制作できないか．作り手の意図に沿った動きを与えるアルゴリズムを作れないか――．制作現場の声を聞き取り，課題に向き合う．CGは縁もゆかりもない世界だったが，知恵を絞るうちに，数学を実践に生かす面白さと，映像表現の裏方としてのやりがいを感じている．

たとえば，主人公のピッチャーが渾身の一球を投げる場面をアニメーションで描くとする．

ボールが手から離れる瞬間や主人公の緊張した表情をどう映像にするか．もちろん，こうした芸術性の高い表現はアニメーターの腕の見せ所．だがその一球にかける思いまでをも反映し

たボールの軌跡やスピードは，運動方程式だけでは表せない．動きを強調した表現でなければ，ドラマ性も生まれない．物理法則を尊重しつつ，別の数式を提示し，新たなアルゴリズムで迫力を追求する．

自然な雲の動きを描く場合にも，数学的な視点は欠かせない．最初の雲の形が決まれば，t 秒後の雲の様子は流体を記述するナヴィエ-ストークス方程式を組み込んで表現できる．しかしシュークリームの形をした雲を作りたいとき，t 秒前はどんな雲からスタートすればよいかという話になると，この方程式では導き出せない．時間をさかのぼることは難しいので，別の方法が必要だ．

こうした課題に，超局所解析で培った考え方を応用し，複雑に絡み合った要素を一つ一つ分析．表現論で身に付けたリー群やリー環を当てはめるなどしながら，より強調した表現やリアルさ，自然な動きにつなげた．

この研究は 2014 年度，安生健一さんと土橋宜典さん（北海道大）とともに科学技術分野の文部科学大臣表彰を受けた．

研究の成果として意外なことも分かってきたという．

雲は，「ナヴィエ-ストークス方程式の解であることにこだわると，思い通りの映像にならない」というのだ．非線形性が高く，思ったようにコントロールが効かない．ナヴィエ-ストークス方程式の厳密でない「$= 0$」にならないものを許すことで，より自然な映像が作り出せた．物理的には正しくないが，雲として認識できる．それでいいと割り切れるところもCGの面白さだ．

何千，何万人もの群衆が走る場面を描くときは，数百人ずつコピーして張り合わせた周期的な映像にすると，不自然さが際立つ．一部の人間の動きを少し遅らせるなどして，ランダムなゆらぎを入れると自然な群衆の姿に近づく．

目下の継続課題は顔の表情だ．顔は何千個もの頂点の座標を動かす．見る人が集中して意識を向ける場所でもあり，手が抜けない．まぶたや頬などいくつかの特徴的な部分だけで表情がコントロールでき，感情を表せるようになれば画期的だ．その要となる部分はどこなのか．数学的なアプローチは続く．

細分化して解析する

「表現論の研究者はしばしば『表現論とは対称性を記述するものだ』と言う．でも私は図形で対称性をとらえるよりも，その図形上にある関数を調べ，どう表現されているかという説明の仕方もしてみたい」

たとえて言うなら，土地を調べるとき，土壌の化学組成や気温を調べる代わりに，育っている樹木や作物から土地の様子を探る．対象となる特殊関数の性質を見極め，部分，部分をきちんと理解することで，全体像を把握する．これが思考スタイルだ．

昔から問題を解くのが好きだった．とはいえ，数学者を目指していたわけではない．

大学に入学したときは，遺伝子組み換えに興味を持っていた．しかし化学実験の実習で，自分には適性がないと気付いた．工学部の都市計画にも興味があり，ダイヤの効率化や事故時の解決，大量輸送の問題などもやってみたかったが，図学演習で製図が不得意であることに気が付き，あきらめた．

代数，幾何，解析……．数学科の2年後期から受けた専門の授業はスピードが速く，どんどん理解できなくなったという．そしてそのとき強く思ったのは「自分はただ遅れているだけ．頑張って追いつけばいい」．だから3年の夏休みはそれらの勉強に集中した．周囲には授業よりもはるか先を勉強している天才肌の同級生がいたが，焦ることなく自分のペースを大切にした．

「数学は，最初は全然分からなくても論理を追うと内容が理解できる」．分からないことが嫌ではなかったし，考え続けるのは苦にならなかった．むしろ時間をかけてノートを作ったり，考えたりして「あー，分かった」と感じることがうれしかった．

大島先生の研究室に入ってからは，超局所解析を自分の道具として使いこなせるまで勉強した．

「私はプロブレム・ソルバー」

「私は佐藤幹夫先生のような，大きな目標に対して理論を作ったり，新しい視点を与えて多くの人を巻き込んだりするタイプではありません．プロブレム・ソルバー(問題を解く人)だと思っています」

新しい分野を切り拓くという点で，数学者としては前者の方が尊敬されるかもしれない．でもフェルマーの最終定理のような大きな問題でなくとも，問題を解くことにも十分に価値があると自負している．

「問題が存在するということは，そこに障害物があるということ．それさえ取り除けば，その結果を使って先に進める．それまでは見えなかった，分からなかった，新しい解法を与えることにもなる」

まだ学生だったとき，恩師の大島先生は研究についてこう言っていた．「誰かの真部分集合にならないようにしなさい」．人と同じことをテーマとせず，オリジナリティを持った研究を続けるよう促す言葉だった．

プロブレム・ソルバーとして，時には専門の枠を超え，幅広い分野にまたがった研究で成果を上げてきた．自身の発見や足跡を，「近くには誰かが通った道はあるが，私の道はまだ誰も歩んだことのない道」と，振り返る．

そしてもう一つ，得意としているのが論文の改良（整理）だ．他の数学者が発表した論文を読み込んで，より分かりやすく書き直したり，理論を拡張・発展させたりする．どんな論文にも発見のツボや鍵がある．何がポイントでその定理が成り立っているのか見抜くのだ．

第一発見者（論文著者）としてはベストを尽くしたものであっても，論文を通してその発見を知ると，また違った景色が見え始める．山登りにたとえるなら，山頂に立って眼下を見渡すと，いま登ってきた道とは違うルートや，もっと滑らかに登れる道が見えてくる．そこを提示するのだ．次に改良論文を読む人が「なんだ，あの問題，こんなに分かりやすかったのか」と思ってもらえるのが理想だ．

分かりやすさは応用のしやすさにつながる．「論文の改良は，自分の思想の範囲で何か新しいものを生み出すのとは違う．でも最初の著者とは異なる視点を与えられたなら，意義がある．誰かの真部分集合になっていない私の付加価値と言えるかもしれません」

「現代数学」2015年11月号収録

落合啓之（おちあい・ひろゆき）

1965年埼玉県川越市生まれ．87年東京大学理学部数学科卒業，89年同大大学院理学系研究科修士課程修了．同年4月，立教大助手．九州大と東工大の助教授，名古屋大教授などを経て，2009年10月から九州大数理学研究院教授．11年4月からマス・フォア・インダストリ研究所教授．専門は表現論．

斎藤　毅

文＝内村直之

素数を図形の上の「点」と考え，深遠な数のなぞに挑む数論幾何は，あらゆる数学が交錯しそれを一つに結ぶ数学だといわれる．
数学者とは「定理を証明する人」である，と斎藤毅はにこやかにいう．数論の証明すべき問題は深く，難攻不落であるものが多いからなおさら，解けていくときの興奮は大きいようだ．

整数，特に素数の性質を扱う数学，数論の 20 世紀最高の成果のひとつ，フェルマー予想について 440 ページにもなる分厚い本を書いた．「数論専攻とはいえ，本当の専門というわけではないのですが，近いところはやっていたので，これを書こう，ということになりました」．斎藤は，岩波講座の「現代数学シリーズ」の筆者の一人である．それは数学の最前線を扱う「現代数学の展開」シリーズの目玉の一つだった．

完成に 9 年かけた本

本の余白へのフェルマーの書き込みから 350 年以上がたった 1994 年，アンドリュー・ワイルズとロバート・テイラーは「3 以上の自然数 n について，$x^n+y^n=z^n$ となる 0 でない自然数 (x, y, z) の組は存在しない」というフェルマー予想を証明した．「ひとりでも多くの人に触れてもらいたい」．その思いで斎藤は書き始めた．

証明が発表された後の 1996 年，斎藤は東京大，東北大，金沢大でフェルマー予想とその証明について講義をした．楕円曲線，保型形式，ガロア表現という数学がフェルマー予想に結び付けられ，変形環，ヘッケ環，セルマー群，ヘッケ加群……たくさんの数学の「化身」が登場する豊穣な物語だった．

「予想が解けていく」という感じを得ることは，それまで考えてもいなかった．「歴史が作られていくのを目の前で見つめている，生きている，進歩している，思ってもいなかったことが起こっている」．証明のステップのひとつひとつを確かめて，実感を得ることが大切だ，と思った．

コツコツと執筆を進め，講座の『フェルマー予想』の原稿を完成したのは2005年，足掛け9年かかった．何かをしながら書く，というわけにはいかなかったからだ．書き始めて中途でやめれば，また最初から考えなければならなくなる．少なくとも1ヶ月はまとまって執筆する時間が必要だった．「99年にドイツに行ったときは，1ヶ月間こればかり書いていた．そういう時間の確保が大変でした」と，斎藤はいう．「まあ，外国に行かないとそういう時間がとれないっていっているようではだめですよねえ，これやるんだ，そのためには……という気もちがなければできない」．

書くために考えを整理しているうちに，こういうことがわかっているなら，ああいうこともわかっているはず，だけどどこにも書いてないな……と，フェルマー予想の勉強から新しいことを見つけ，論文にしたこともあった．フェルマー予想の解決はその後，非可換類体論の発展を促し，2008年にはテイラー

らの佐藤・テイト予想の解決につながった.「でも，そちらへ行こうとは思わなかった．見ているだけで悔しいっていうこともなかった．でも，これを勉強して私の世界が広がったことは確か」.

出会いから数論へ

中学生のころから神保町散歩を好み，岩波講座「基礎数学」を読みふけり，高校生になるとあのブルバキの『数学原論』を手にした．そんな斎藤が数論に取り組むようになったのは，日本の代表的数学者の一人である加藤和也（現・シカゴ大学）との出会いがきっかけだった.

斎藤　毅

大学２年の秋，数学科へ進学する学生の現代数学入門となる授業「代数と幾何」の演習を指導したのが，加藤だった．演習で出題する問題も面白かったが，その指導も面白かった．「この定理の証明で，こんなやり方があるんだ」「この人はなんて面白そうに数学をやるんだろう」．

長時間の演習を終えたあと，加藤と夕食をともにすることも

あり，加藤が楽しそうに語る数学の最前線にふれた．「この人がやっている数学なら面白いに違いない」．斎藤はそう思って，加藤の取り組んでいる数論を選んだ．

式の計算は苦手，という．数式をながめていてもアイデアは出てこない．できればしないで済ませたい．それより，幾何だ，イメージだと思っている．1949 年に定式化されたヴェイユ予想の頃から，数論の研究に抽象的な幾何の最右翼である代数幾何が使われるようになり，数論幾何という分野が生まれていた．「記号操作するよりイメージを操作するほうがやりやすい感じ．

先にこんな感じかなあというのがあって，それを確かめていく」のが斎藤の流儀となった．

数学を学ぶものとして超えなければならない壁は「はじめて定理を証明すること」である．修士論文は『離散付値環上の曲線の消失輪体と幾何』というタイトルだった．ドリーニュとマンフォードが提出していた代数曲線の定理を違うみちすじで証明した．「このとき，数学で証明するとはどういうことなのか，わかった．これまでの数学者生活で最高の瞬間だったかな」．この結果に，指導した加藤は斎藤に「うれしい言葉」をいってくれたそうだ．中身は明かしてもらえなかったが……．以来，数論幾何一筋である．

数学のこころを伝えるために

『フェルマー予想』を書き終えてから，大学初年級向きの数学の教科書を3冊作った．『線形代数の世界』，『集合と位相』，それに『微積分』(いずれも東京大学出版会)で，前2著は数学科2年生に向けて現代数学の基本を語った．『微積分』は理系1年生向けだ．

書いたのは講義をしたのが主なきっかけだが，数学の教科書，特に微積分学は高木貞治の『解析概論』を始めとしてスタンダードなものが多い．そこになぜ新しいものを？

「たとえば，『概論』は，1938 年の初版発行で，そこからの時間がずいぶん経っています．時代は違ってきている」．今ならこうやるのにというところも多いし，はじめから細かいことをくわしく学ぶよりももっと先の方に視野を広げた方がいい，とずっと思っていた．「理系とはいっても，勉強しなければならないのは数学ばかりではないから，中身は絞らないといけない」．

とはいえ，厳密な論理は数学に必須だ．初心者は根本的な視点の転換が必要で，身につけるには困難がたくさんある．それが中途半端だと結論を間違う．しかし，教える数学者にとって，厳密なことば，中核となる考え方は，空気のようなもので，日常的に使っても，意識して振り返ることはない．そのギャップを埋めながら，わかりやすい構成と表現を模索した．

「数学の基本にある考え方は，微積分でも数論幾何でも同じように重要なのです．たとえばコンパクトという概念がそう．1

年生の微積分だってそういう数学に一直線につながっている」．その目線は先を向いているのである．

『微積分』執筆最中の2011年3月，東日本大震災と福島第一原発事故が起こった．斎藤は，こういう時代には知識にだれでもアクセスできることが大事，という．「知識を囲い込むというのは，権力の一つのやり方ですが，それは嫌い．事故の原因もそこにあった」．だれもが正確な知識を得られる教科書を書くことの根にはそういう思いがある．同書はこう締めくくられている．

「この本の内容も，そのまま事実として受け入れるのではなく，批判的な目でひとつひとつ確認しながら読まれることを希望します．数学の証明とは，そのためにこそ書かれるものだからです」．

「現代数学」2015年12月号収録

斎藤　毅（さいとう・たけし）

1961年生まれ．84年東京大学理学部数学科卒，87年同大学院理学系研究科博士課程中退．89年理学博士取得．東京大学助手，講師，助教授を経て，99年から東京大学大学院数理科学研究科教授．日本数学会代数学賞（98年），同春季賞（2001年）を受賞．

國府寛司

文＝亀井哲治郎

高校生のときに読んだ数学雑誌のある記事が，決定的な影響を与えた.

めざすは京都大学，宇敷重広先生，そしてカタストロフィー理論．高校生の國府さんが抱いたこころざしは，学ぶことから研究することへと成長を遂げ，いま，いくつもの学問分野が協働する研究最前線で活躍中である.

カタストロフィー理論との出会い

三重県立津高校は伝統のある進学校で，制服もなく，自由に溢れていた．中学時代には歴史や推理小説に熱中したが，高校の校風が性に合ったのか，しだいに数学への興味が高まっていった．少し背伸びをして月刊雑誌『数学セミナー』を読むようになり，そこで1つの記事にめぐりあった．「トムVSグロタンディエク」(1976年10月号)．宇敷重広・森毅・山下純一の3氏による鼎談だが，宇敷さんが語るルネ・トムの数学思想が高校生の國府さんの心を大きく揺さぶり，その後の人生に決定的な影響を与えた.

1970年代初めころからトムの提唱する「カタストロフィー理論」は世界中で話題となり，日本でも大いにマスメディアをにぎわせたが，「破局の理論」などと訳されたことで，ややセンセーショナルに扱われた面があった．しかし，数学としてとても興味深いものなのである．一方，グロタンディークは代数幾何学の大立て者としてめざましい活躍をしていたが，60年代後半からは反戦運動や環境問題に精力を注いでいた.

「トムVSグロタンディエク」は，フィールズ賞を受賞した著名な2人の数学者の思想や行動をめぐって，森毅さんを司会役に，宇敷さんがトムを，山下さんがグロタンディークを代弁して語り合う，という趣向の記事であった．

これを読んだ國府さんは「しびれました」と述懐する．トムを語る髭面の宇敷さんの姿もかっこいいと写ったようだ．当時，宇敷さんも山下さんもまだ 20 代後半だった．

これがきっかけで野口広著『カタストロフィーの話』（NHKブックス）を読んでますます興味が募り，「宇敷先生のいる京大で数学をまなびたい，カタストロフィー理論をやりたい」と進路が固まっていったのである．

力学系をまなぶ

当時の京大は必修や準必修の単位数が少なく，学生が自由に好きな勉強をすることができた．同級生たちとの自主セミナーに参加し，1 年ではファン・デル・ヴェルデン『現代代数学』を，2 年以降も学生を温かく見守ってもらえる先生にも恵まれ，いくつものセミナーを経験して，数学を身につけていった．

一方で，『構造安定性と形態形成』(岩波書店)や『形態と構造』(みすず書房)などでルネ・トムの思想に触れ，「トムのいう一般カタストロフは，数学としては力学系の分岐理論だろう」と，力学系への関心も育んでいた．

あこがれだった宇敷先生から初めて指導を受けたのは３年生の「解析学演義」だった．アーノルドの『古典力学の数学的方法』(岩波書店)をテキストに，分厚い本の本文のほとんどをみっちりと読みこんだ．科目は演習だったが，実質的にはセミナーだった．そして，４年生の数学講究では足立正久先生のもとで伝統的な力学系の教科書を，宇敷先生のもとでその当時はまだ希少な力学系の分岐理論の入門書を読んだ．

力学系はとても幅広く豊かな分野である．幾何的なアプローチもあれば，解析的なものもあり，また応用数学のさまざまなテーマとも関係する．したがって勉強の仕方も多様だ．國府さんは４年から修士１年にかけて，足立先生と宇敷先生の下で２つのセミナーを行っていた．自分の進むべき道を幾何にするか解析にするか，迷いがあったのだ．しかし，修士２年に

なるとき，足立先生から「きみは宇敷先生が合っているのではないか」と勧められ，方向が定まった．

その後，宇敷先生のもとで研究を進め，「ベクトル場のホモクリニック・ヘテロクリニック分岐」について博士論文をまとめた．この研究はのちに，アメリカの数学者 K. ミシャイコフとの出会いのきっかけとなり，現在の研究にまでつながってくるのである．

ミシャイコフとの出会いから歩行の研究へ

ミシャイコフと知り合ったのは，京都で開催された ICM90 の年である．彼は國府さんの博士論文と本質的に同じ結果を得ていたのだ．ただ，結果にいたる方向が，國府さんは解析的な方法によってであり，ミシャイコフは位相的な方法でという違いがあった．それもそのはず，彼は力学系をあたらしい位相的方法によって研究したチャールズ・コンレイの弟子なのである．初対面のとき以来，ミシャイコフから「コンレイ指数」について多くを教えてもらったという．

意気投合した2人は，その後，共同研究を重ね，何編かの共著論文も生まれた．

やがてミシャイコフは，アメリカの事情もあってであろう，しだいに応用数学へと研究をシフトさせていく．國府さんもその影響を受けて，たとえば生物学などに現れるさまざまなダイナミクスの数理モデルに対して，計算機も活用しながら，力学系の全体構造を大づかみに把握する「力学系の位相計算法」を共同で開発するなど，計算機も用いて現実の問題の解析に力学系理論を応用する研究を行っている．

数年前からは「歩行」の研究に取り組んでいる．これは科学技術振興機構（JST）の「数学と諸分野の協働によるブレークスルーの探索」というプログラムの一環CRESTにおけるテーマだ．

「人間や動物が歩行運動をするときには，身体と脳神経系を使って，外乱に応答して安定的にうまくコントロールされた運動をしています．そのしくみを力学系の立場から理解したい」

そのために青柳富誌生さん（京大情報学研究科），土屋和雄さん（同志社大），青井伸也さん（京大工学研究科）たちとグループを組んでの共同研究である．國府さんの役割は，上のミシャイコフと共同で開発した方法を用いて，数学の視点からより本質的なものを捉えていくことだが，これがじつに難しい．「現実の問題の理解に数学がいかに無力かを思い知らされました」という．だからこそ取り組み甲斐がある．

歩行という運動を考えてみよう．さまざまな筋肉の動きがある．骨格も腰の部分，膝の部分，踵の部分などの動きがあり，それぞれに質量が載っている．機械的な運動としても相当複雑だが，さらにこれに神経系が加わる．運動するとそれが脳神経系にフィードバックされて，運動が制御される．歩行はそのように複合的なシステムだ．これらを１つ１つパーツに分けて，数理モデル化をしようとすると，膨大な次元になってしまう．変数も多いし，パラメータも多い．

力学系の観点からは，歩行は安定な周期運動だが，その安定領域を決めている相空間構造は何かを知りたい．しかし次元が高すぎて，計算機を使っても数理モデルの解析ができない．

さまざまな試行錯誤を積み重ねたすえに，あるとき「数理モデル化をするのではなく，計測された時系列データから直接的に力学系の相空間構造を解析してはどうか」という考えを思い付いた．これで活路が開けた．

この時系列データ解析の方法は，歩行だけでなく，たとえば生命科学や気象学など，いろいろな分野に応用できる可能性があるという．

「歩行」に始まった研究は今も発展中である．

「現代数学」2016 年 1 月号収録

國府寛司（こくぶ・ひろし）

1959 年三重県津市生まれ．1982 年京都大学理学部を卒業（主として数学を専攻）．88 年同大学院理学研究科博士後期課程を修了後，2 年間日本学術振興会特別奨励研究員．90 年京都大学理学部講師となり，助教授を経て 2006 年より大学院理学研究科教授．また，14 年より JST「さきがけ数学協働領域」の研究総括も務める．理学博士．専門は力学系理論とその応用．

荒井　迅

文＝内村直之

力学系というダイナミックな数学にはリズムがある．現実の世界では，たとえば秋の空のいわし雲，流れの中で円柱の後にできる周期的な渦もそのリズムの産物かもしれない．
ドラムでリズムを刻むのが好きな数学者が，力学系を追求し，さまざまな数学的「道具」を駆使するのもなにか共通なものを感じる．

ロックバンド「イルカホテル」のドラマー，“アラジン”．それは，荒井のもう一つの顔である．デザイナー木村彰吾のギターとボーカル，システムエンジニア森嶋哲司のベースとともに，年に何回かのライブやたまのレコーディングをする際，あるときは叩きつけるように，また別のときには囁くように，ギターとベースの間の奥まった定位置で，荒井はスティックを握ってドラムに向かう．それは数学者とは違う顔だ．

ロックか数学か

ドラムとの付き合いは，小学生のブラスバンドから，ロックとの付き合いは大学生時代のバイトからで，今の本職である数学より長いのである．京都市内には「拾得」(じゅっとく)，「磔磔」(たくたく)，「陰陽」(ネガポジ)など数々のライブハウスがある．そのうちの一つ，北白川にあった「CBGB」で店員をしているうちに，「叩いてみないか」と誘われた．やっているうちに面白くなった．夜9時から朝5時までライブハウスに勤めると，授業を受ける暇はない．しかし，90年代オールタナティブ・ロックに荒井は魅せられた…….

ライブハウス店員だけでなく，引っ越し補助などバイト生活は，生活の中心だったようだ．授業も殆ど出なかった．広い世

界を見ていた，と思っていた．「大学を卒業する必要なんかないんじゃないか……」とさえ考えた．ドロップアウトもありえたのだ．

3年のとき，単位不足で奨学金の支給が止まった．もともと実家からの仕送りは少なかった．「これはまずい」と，さすがの荒井も思ったのである．

どうやったら，単位を簡単に取って奨学金を再開させ，京都大学理学部を卒業することができるか？　ここで「京都大学らしさ」がものをいう．理学部は「自由にして創造性を富む気風・既成の権威や知を無批判に受け入れることなく自ら情報を探索し新たな考え方を吸収する学習態度や姿勢を養うこと」(同学部 HP から)を目指し，学科に分けていない．物理，化学，生物など5つの専門分野から一つを選べば良いだけなのである．「物理も化学も生物も実験がある．授業に出てテストさえ受ければ単位をもらえるのは数学だけ」と，荒井は考えた．これで道は決まったのである．

しかし，4年になってトポロジーのセミナーに出て黒板の前に立ったとたん「中学校の数学からやり直せ！」と，担当教授の河野明から怒りが飛んだ．ろくに授業に出ていなかったから，微分積分も線形代数もあやふやだった．

「触れていないとほんとに sin と cos のどちらがどちらだったか，わからなくなるんですね．」

せめて，セミナーの「多様体入門」の内容には追いつきたかった．必死で1年生の教科書からやり直した．セミナーの話はだんだんおもしろくなった．どうやら数学に適性がなかったわけではないようだった．

トポロジーから力学系へ

4年になっても就職活動などするわけはない．「お前，来年どうするんだ？ 大学院か？ 京大はムリだな．ほかならもしかすると……」と言われた．荒井の捉え方は違った．「え，終わりじゃない？ 先もあるのか，じゃ，院試でも受けるか……」．河野は何か光るところを見ていたのだろう，荒井は院試を通ったのである．

しかし，京都大学といえば，100 人学生がいても，1 人のダイヤモンドを育てるために 99 人は放っておくところだという．荒井は自分のことを 99 人の下の方，と思い，大学院に入っても，やはりバンド生活に力を入れたのである．4 つ程度のバンドの掛け持ちは，朝飯前である．充実したモラトリアム生活であった．

そこへこの連載でも登場した力学系研究の雄，國府寛司が帰国し，京都大の助教授となった．約 10 人と多めの大学院生を抱えていた河野は，半分を國府に任せたのである．荒井はその一人だった．「そのときは，できの悪いのを追い出したのかと思いましたが，河野先生は意外に僕の適性を見抜いていたのかもしれない．力学系は純粋なところから豊かな応用までいろいろあって僕の性にはあったみたいだ」と荒井は今，思う．

京都で力学系といえば，山口昌哉や宇敷重廣を先駆者として非線形，カオス，複素力学系などというキーワードが盛り上がったが，國府が帰ってきたころはやや一段落しており，抽象的な方向，応用への意識が高い方向などいろいろに分かれ始めたころだった．

荒井の頭にあったのは，それまで河野から叩きこまれていたトポロジー，幾何的な考え方だった．多様体の接空間を考え「持ち上げるとどうなるんだろう…」と頭の中の絵で考え，証明はホモロジーで，というのが自分に合うと思えた．苦手な解析による不等式評価などしなくていいし…．

数学を続けるうちに,「降りてくる瞬間」を経験した．修士2年目の秋，力学系の中心話題の一つでありホモクリニック接触という現象を代数的トポロジーで捕まえたいとずっと考えていた．寺町通から京都御所へ向かう四つ角で自転車のペダルを踏んだ瞬間,「あ，射影接バンドルに持ち上げたらいいんだ」と思いつい

た．信号を渡りきったとき，悩んでいた問題はすっかり解けていた．数学をやっているものとしては，何かを自分で解決した最高の気分だった．「オリジナルの考え」と，そのときは思ったが，あとで調べてみれば同じフレームワークを使っている数学者の前例はあった．しかし，あの世界がぱっと広がる瞬間は忘れられない．数学者の生きがいはそこにある．

局所の軌道と大域的な性質と

大学院を終了して京大理学部の助手となり，計算機システムの管理をしながら，力学系の研究を計算機でどうやったらいいのかを考えた．

カオス現象はもともと計算機を使って発見された．初期値のほんのわずかな違いで力学系の軌道が全く別のところに分かれてしまう．「初期値に対する鋭敏な依存性」といわれるが，本当だろうかと荒井は考えた．計算機が扱える数値は有限だから誤

差はつきものである．カオス現象が起こるのは，本当の初期値に敏感依存するからか，それとも単なる計算の精度不足の結果か，という疑問は20世紀中は解決されていなかった．そのカギは個々の軌道を追うだけではなく，力学系の大域的な性質をきちんと捕まえる必要がある，ということだった．

このための道具立てを考えることが荒井の新しい興味となる．スメールの馬蹄形写像による構造安定性の議論，力学系の構造の有向グラフによる表現，計算機で軌道の存在範囲を確定する精度保証付き数値計算，局所と大域をつなぐ位相不変量コンレイ指数（師の國府もこだわっていた）の計算，それを支える計算機の使える計算ホモロジー……．これらで果敢に現実に切り込もうというわけである．

2007年，科学技術振興機構の研究プロジェクトのひとつ「数学と諸分野の協同によるブレークスルーの探索」で若手向けの研究プロジェクト「さきがけ」に参加，さらにその延長上にある「CREST：渦・境界相互作用が創出するパラダイムシフト」にも入った．そこではいろいろな研究者との遭遇が荒井を刺激している．たとえば，京都大の坂上貴之と石けん膜上の流体の渦を伴った流れの実験を見ながら，その力学系を理論的に考えている．「抽象一本やりでは，興味を引けなくなってきた．外へ出ると面白いことがたくさん」と荒井は笑う．

「現代数学」2016年2月号収録

荒井　迅（あらい・じん）

1975年東京生まれ，千葉育ち．98年京都大学理学部卒，2004年同大学院理学研究科博士後期課程修了，理学博士取得．京都大学助手を経て，08年から北海道大学創成研究機構特任助教，11年から同大学大学院理学研究院（数学部門）准教授．2017年4月より中部大学創発学術院教授．共編著書に『圏論の歩き方』（日本評論社）．

小 磯 深 幸

文＝里田明美

数学を語るとき，まっすぐな目で，とても楽しそうな表情が印象的だ．

「私にとってすごく大切で，面白いと思っていることだから伝えたい」．授業では，丁寧で読みやすい文字が黒板に躍る．先走ってちょっと熱くなってしまうこともあるらしい．

極小曲面研究の日本の先駆者．この道一筋に歩んできた．研究は深めるごとに新たな感動と驚きに出合う．それがさらなる研究へと駆り立てる．

小学生のころから算数が好きだった．特に文章題が得意で，将来は算数の先生かピアノの先生になりたかった．

高校生になると，医師か数学教師にあこがれるようになった．医学部にするか，理学部にするか――．母親が進路について担任に相談すると，「数学かな……」という答えが返ってきたという．担任自身が数学教師だったこともあり，深く考える姿勢と理詰めで追求する才能を見抜いていたのかもしれない．

その恩師である長尾建治先生は，3年生のある日，大学で学

ぶ「ε-δ 論法」を教えてくれた．関数が連続であり微分可能であるという概念を非常に厳密に述べたその論法に，目からうろこが落ちた．

京都大に入り，授業の中で最も想像と違っていたのが数学だ．「物理や化学は高校の延長上にあった．しかし，数学は抽象的でわけが分からない．でもあまりに難しいので，すごい世界だなあと感心したのです」．こんな道への進学を勧められた私もすごいかも……．そんなわくわくした気持ちもあった．

数学専攻を決定づけた出来事は，教養時代に学んだ基礎科目の演習だ．学生が与えられた課題を解いて，発表するものだった．

あるとき，1日中考えても解けない……．2日目も無理……．3日目も手掛かりが見つからなかった．結局1週間考え続けてやっと解けた．そのときの感動を「心臓が跳び上がるくらいうれしかった」と振り返る．今となっては，どんな問題だったかも，全く覚えていない．

3年生では，「輝く」授業に出合った．のちにゼミの指導教官となる楠幸男教授の複素関数論だ．微分可能なものを積分すると0になるという「コーシーの積分定理」．その美しさに心が震え

た．同時に，その定理を心から素晴らしいと思っている楠教授の，あふれんばかりの気持ちも伝わってきた．さらに「コーシーの積分公式」．驚きと感動は一度にとどまらず，次々押し寄せてきた．勉強していけば，やがて当たり前に感じる内容だが，初めて出合った定理の衝撃は，新鮮なまま心に残っている．

4年生では，楠教授のゼミで複素解析にどっぷり浸かった．そして大学院に進むと，もっと面白くて難しいことが始まったという．

「私は難しくなると面白く感じる性分．知りたいことが増える．勉強を続けていると，自分で問題が発見できるようになり，その問題に限りがないことが分かってきた．ここでやめたら，この先が知れなくなる．そう思うとやめられなくなったのです」

物理現象を説明する

大学院時代から打ち込んできたのが極小曲面の研究だ．もう30年になる．

大学院は大阪大へ進んだ．学部のときと同様，複素解析のゼミだった．ゼミの柴田敬一教授はこう話していた．「1変数の複素関数論は，ほぼ理論が完成されている．一方，海外では最近，『極小曲面論』が発展してきており，複素関数論が非常に有用だ」．極小曲面は2つの微分可能な複素関数を用いて表せる．分野としては非常に近かった．洋書や1970年代の英語の論文を読み込み，極小曲面に迫っていった．

テーマをざっくりと言えば，「与えられた縁を張る曲面の面積についての最小問題」である．変分法と呼ばれる古典的な方法を基礎として，関数解析的な方法や，幾何学的な方法を加味して極値問題を考える．せっけん膜やシャボン玉，液滴，結晶などの数理モデルを対象に，解の個数や幾何学的な性質（曲がり具合）などを研究するのだ．

針金で次のような枠を作り，せっけん水に浸してそっと引き上げると，S_1 や S_2 の形に膜が張る．

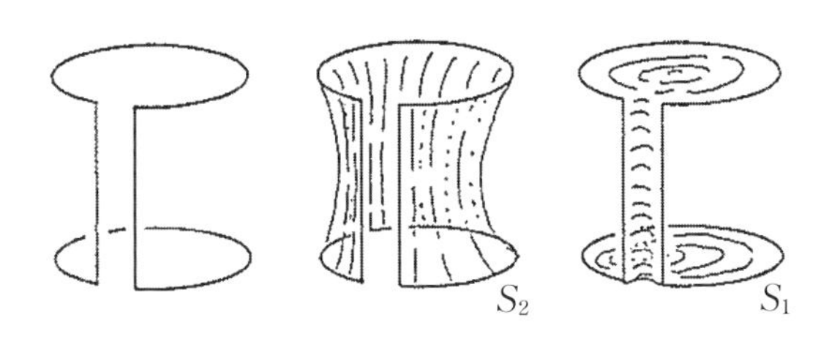

S_1 はどんな曲面よりも，面積が小さい．つまり最小だ．S_2 はそれ自身に近い曲面の中では面積最小，つまり極小となる．S_1 も S_2 も，枠を固定したまま少しでも変形させると，面積は大きくなってしまう．S_1, S_2 のような平衡状態は，『平均曲率がいたる

日用品のビニールネットを使って空間の曲面をイメージさせる.「解ったかしら？…」

ところで0である』という表面の曲がり具合の性質で言うこともできる．

これらの具体的な対象に限らず，気体と液体，液体と固体，固体と固体などの境界面を縁と捉え，一般化できる数学理論を作るのが目標だ．

「そうすれば，物理現象がなぜそうなるのか，数学的な解明につながるはず．数学は物理現象を説明する言語．物理現象が何らかのエネルギーを極小にする形を取るのはなぜか．それを説明するのに役立つ」

シャボン玉は，一定量の空気を包む曲面の膜の中で，面積が最も小さい．とはいえ，シャボン玉の極小解は，質量や重力を無視した理想形だ．数理モデルで導き出せる解は，あくまで特殊解の一つ．具体例を頭の片隅に置きながら研究することで，一般論に結びつけようと思っている．

修士論文では，面積極小の極小曲面を有限個しか張らないための枠について十分条件を求めた．博士論文は，極小曲面が面積最小であるか否かの判定に関するものだった．

その後，シャボン玉のような平均曲率が定数である曲面など，扱う対象を広げていった．

2001 年には宮岡礼子教授（東北大）を通じて，Karsten Grosse-Brauckmann 氏（独ダルムシュタット工科大教授），Bennett Palmer 氏（米アイダホ州立大教授）と知り合い，研究が加速する．Grosse-Brauckmann 氏には 15 年間考え続けた問題にヒントをもらい，曲面の中で面積が極小か否かを判定する方法が 02 年の「Tohoku Mathematical Journal」に掲載された．7，8 本の共著がある Palmer 氏は「あなたの定理やアイデアは，もっと一般の極値問題にも拡張できる」と言ってくれた．その言葉は大きな励みになっている．

不自由さを楽しむ

いま取り組んでいるのは，非等方的エネルギーと呼ばれる，結晶のエネルギーの数理モデルだ．食塩など分子が一定方向に並んでいるような方向性がある結晶を考える．これまでのなめ

らかな曲面ではなく，角(かど)がある曲面に対する極値問題だ．

特異点の存在する曲面の極値問題についての理論はまだ構築されていない．だから取り組む．

ところが困ったことに，この問題には大きな壁がある．角があると，微分自体が使えない．微分幾何の専門家なのに微分が使えない状況に直面しているのだ．

「修士時代には，目の前に使える道具(定理や理論)がたくさんあって，使えるものを組み合わせて研究し論文を書いた．数学者となってからは，どこに使える道具があるか見つけるのが大変な中で，10年がかりで論文を仕上げた．そしていまは，道具すらない状況下で，まず道具作りを含めてやらなければならないのです」

研究が進むごとに難しさが増す．でもだれも知らないことをやるのが面白い．それが醍醐味であり，やりがいになっている．

「現代数学」2016年3月号収録

小磯深幸（こいそ・みゆき）

京都府京田辺市出身．1979年京都大理学部卒業後，84年大阪大大学院理学研究科後期課程修了．理学博士号取得．85年大阪大助手．京都教育大助教授，同教授．奈良女子大教授などを経て2010年九州大教授．専門は微分幾何学．夫は数学者の小磯憲史氏．

岡本　久

文＝亀井哲治郎

2015 年 9 月，秋の数学会で，岡本さんは「数理流体力学に現れる困難について」と題する総合講演を行った．

35 年にも及ぶナヴィエ - ストークス方程式（NS 方程式）との格闘の歴史を踏まえ，関西弁のゆったりとした独特の語り口は，とても興味深いものだった．

そして，NS 方程式研究の第一人者には，もう一つ，数学史への強い関心がある．

私の手許に 2 冊の著書がある．

[A]『ナヴィエ - ストークス方程式の数理』東京大学出版会，2009 年．

[B]『関数とは何か――近代数学史からのアプローチ』共著；近代科学社，2014 年．

[A] は，ナヴィエ - ストークス方程式（以下，引用も含めて NS 方程式）の数学的理論への入門書．院生時代からずっと，その物理的側面と数学的側面の両方に興味をもち取り組んできた岡本さんならではの著作だ．得意技である数値計算による実験も織り込まれている．

[B] は，この 20 年来，関心を持ち続けている数学史のひとつの成果だ．先輩で畏友の長岡亮介さんの協力を得てまとめあげた．

岡本さんの歩みは，この 2 冊に象徴されているといってよい．

藤田宏研究室でまなぶ

ついひとまたぎで滋賀県・岐阜県・愛知県に出るという三重県北部の町，員弁(いなべ)郡（後にいなべ市）大安町で生まれ育った．少年時代には数学の成績はよかったが，際だって好きというわけで

もなかった.「まぁ適当にやっていればなんとかなるだろう」と,楽天的な性格も手伝って,深刻に考えることもなく,県立四日市高校から東大理科一類へと進学する.

進路を物理にするか数学にするか迷いつつも,やや物理志向が勝っていたのだが,2年生の「進学振り分け」が決定的な転機となった.ガイダンスで聴いた小柴昌俊先生の話はとてもおもしろかったのだが,「物理をまなぶにはどれだけ数学が必要ですか」との学生の質問に,小柴さんは「私がやっているのは実験物理だから,sin, cos, tan と指数関数くらいで十分です」と答えた.あまり心配しなくてもいいよと,学生を励ます言葉だったのだろ

う．しかし岡本さんは拍子抜けした．

「これだけ数学を勉強したのにあまり役に立たないのなら，物理はやめて数学にしよう」

数学のガイダンスに来ていた藤田宏先生がとても優しそうに見えたことも，数学に決めた一因だったらしい．

藤田先生は当時48歳．応用数学の泰斗加藤敏夫の弟子で，この分野の牽引者の一人だった．学部から大学院修士にかけて藤田研究室で過ごしたが，とくに何かを強制されることもなく，自由に，関心の赴くまま，ひたすら非線形偏微分方程式の論文や書物を読み込んだ．その中で今井功著『流体力学』と出会う．その後の人生の道標となった本だ．

「これは物理というよりも数学じゃん．よし，これをやってみよう」

流体力学の数学的理論をていねいに記述した名著に魅了されて流体力学のとりことなり，ごく自然にNS方程式へとのめり込んでいった．そして今もなお，一途にこの道を歩んでいる．物理と数学の中間に位置して研究したいという岡本さんの感覚に，NS方程式がぴったりマッチしたのだろう．

NS 方程式は“悪女”だ

NS 方程式は非圧縮粘性流体の運動を記述する偏微分方程式で，1820 年代から現在まで，じつにさまざまな研究がなされてきた．

「これだけ長い年月にわたって研究されれば，もう研究はしつくされているだろうと推測する人もあるかもしれない．しかし，NS 方程式の歴史は，1 つの問題の解決が次の（それまで認識されなかった）問題の発見につながることが多く，研究対象としての魅力はほぼ単調に増大しているかにみえる．実際，現在ほど NS 方程式に対する数学者の興味が高まっているときはなかったように筆者は思う」（[A] より）

汲めども尽きぬ課題と困難があるのだ．

「NS 方程式の解の存在を示すことは，多くの場合かなり難しく，相当の数学的な準備が必要になる．何十年にもわたって未解決のままである問題もひとつやふたつではない」（同）

2000 年に発表された 7 つの未解決問題，いわゆる「ミレニア

ム賞問題」の１つが「NS 方程式の解の存在と滑らかさ」だ.

自身の歩みをつづったエッセイ「ある応用数学者の弁明」(『数学の道しるべ』所収) によると, 若いころ, 3次元 NS 方程式の解の滑らかさに関するルレイの未解決問題に挑戦したが, 全く歯が立たず, 早々に切り上げたという. その一方, 数値計算を駆使して NS 方程式に対するコルモゴロフ問題について研究し, " 不思議な事実 " をいくつも発見した.

では, それほどまでの NS 方程式の魅力は何だろう？　意外なことに,「悪女」という答えが返ってきた.

「NS 方程式はものすごい美人でね. 心底惚れているのに, なかなかこっちを見てくれない」

「努力すればある程度は論文が書ける. つまり, 惚れられていれば, 向こうもチラッと流し目くらいは返してくれるから, " あっ, 見込みがあるかも " と, ついのめり込む. でも, あまりのめり込んでしまうと，もう取り返しのつかない状況に陥ってしまうんです」

そういって，岡本さんは屈託なく笑う．

数学史を教育に活かしたい

研究室の書棚の半分近くが数学史関係の書物で溢れている．「晩年には数学史をやろう」と，かなり以前から研究集会に出たり，資料をこつこつと集めて読み込んだりしていたという．

なぜ数学史を？　本格的な数学史の専門家になれるとは思わないが，自分にもやれることがありそうだと感じたこと，そして——当面はこちらが主たる目的だが——，数学史を学生の教育に活かしたいこと，である．

たとえば数学の講義のなかで，きちんとした証明よりも，歴史的なコメントをしたほうが学生にわかりやすいことがある．ところが，参考にする文献には間違いが多かったり，「ちゃんと原典に当たったのだろうか」と疑問に思うこともしばしば．そんな経験が重なって，「きちんとしたものを書きたい」と，15 年かけて書き上げたのが『関数とは何か』だ．数学史の本としては異例だが，各章ごとに豊富で興味深い演習問題（解答付き）があり，また史実の引用や膨大な文献表など，興味は尽きない．

また，数年前から数学専攻以外の学生向けの授業「数学探訪」

を担当している．

古代中国や古代ギリシャから19世紀の数学まで，原典やその英訳を資料として読ませながら，当時の人たちの考え方と現代のそれとを対比したり，一見簡単そうに見える問題も昔の人にはとてつもなく難しかったことを感じ取らせるなど，工夫が凝らされている．どうやら岡本さん自身が，授業からさまざまな新発見や再発見をして，それを楽しんでいるように思える．

いずれは数学史に重点を移したいとの願望があるのだが，当面はNS方程式の研究を続けながら，二足のわらじでいくという．

「現代数学」2016年4月号収録

岡本 久（おかもと・ひさし）

1956年三重県いなべ市生まれ．1979年東京大学理学部数学科を卒業．81年同大学院理学研究科修士課程を修了し，すぐに助手となる．86年～87年の1年間，ミネソタ大学の研究所で研究生活を送り，帰国後東大教養学部助教授．その後90年より京都大学数理解析研究所にて助教授，教授．2017年より学習院大学理学部教授．理学博士．日本応用数理学会論文賞，井上学術賞，日本数学会論文賞などを受賞．専門は数理流体力学，とくにナヴィエ－ストークス方程式の研究．

黒川信重

文＝吉田宇一

黒川信重

「問題を解くより新しい問題を考えるほうが好きなんです」という黒川.
その言葉は，多重三角関数，深リーマン予想，絶対ゼータ関数，…，など，これら独創的な命名にも見事に実現されている.

黒川と言えば，ゼータ関数を思い浮かべる人も多いだろう．勤務する東京工業大学（東工大）の黒川の研究室のドアには「ゼータ研究所」と書いた小さな表札があるくらいだ．もちろん正規の研究所ではなく黒川ならではウィットの表れでもある．その黒川の目下の課題は「絶対数学」の確立だ．

黒川は1952年栃木県下野（しもつけ）市薬師寺の生まれ．地名は，三大戒壇の1つとして名高い下野薬師寺があることに由来する．戒壇とは正式に僧尼を認める場所のことで，三大戒壇の残り2つは，奈良・東大寺，筑紫・観世音寺である．この地は，当時の東国全体（関東地域）の中心であったことをうかがわせる．またこの辺り（栃木県南部）は，かんぴょう作りが有名で，いまもかんぴょうの材料であるユウガオの栽培畑が広がる．

自宅のあるこの地から，宇都宮高校，東工大に電車で通った．現在も勤務する東工大には，自宅から2時間以上かけて通い続けている．この通学・通勤のための長い乗車時間こそ，黒川の数学を作ったといえるかもしれない．

「問題を解くのは苦手」だが，「問題を考えるのは好き」だという．もっとも問題を解くのが苦手なのに，高校のときは新しい問題を考えては，教師相手に，どう解くのかと質問し，教師が返答に窮するというシーンが何度もあった．と，同級生たちが証言する．

そうした新しい問題を考えるクセは，高校時代，同様に電車通学だった北野実（倉本裕基（ピアニスト））と車中や待ち時間に互いに問題を出し合うことで培われたらしい．新しいことを考えるという成果の１つが，今も語り継がれる高校時代に雑誌に投稿した「スターリングの公式の初等的証明」だ．最初に『大学への数学』（以下『大数』）に投稿し基本定理を簡略化したものが掲載された後，『数学セミナー』のノート欄に採用されて自信となった．この欄の担当の一松信は黒川にとって恩人である．

ゼータとの出会い

黒川とゼータ関数とのつながりは高校生のとき，『大数』誌に連載された上野健爾の記事を読んだことがきっかけだ．上野はこのときまだ大学院修士の院生だった．『大数』に掲載された入試問題の模範解答に上野が疑問をもち編集部に問い合わせたのが縁で，逆に，高校で現れる数学の概念や手法が，現代数学のなかでどのように扱われているかといった「現場の風景」を高校生に見せてはどうかと依頼された．むろん受験とはまったく関係のない記述である（のちに，この連載は『数学者的思考トレーニング 代数編』という本になった）．

その連載のひとつが「2 つの予想」と題された解説記事である．2 つの予想とは，リーマン予想とラマヌジャン予想である．黒川にとって新鮮な驚きだった．そこに登場するゼータ関数という新たな関数の魅力にとりつかれた．

東工大（1970 年 4 月入学）を選んだのは，大学では数学を専門にしたかったのと，遠山啓や矢野健太郎の名前を知っていたからだ．残念ながら遠山は入れ違いに定年．幸いにも 3 月におこなわれた遠山の最終講義「数学の未来像」を聴講する．wise と clever の違いなど感銘を受けた．

ある日の個人授業

黒川が大学 1 年のとき，その後の進路に大きな影響を与えることがあった．山下純一との出会いだ．山下は黒川よりも 3 年上で大学 4 年生だった．たまたま大学図書館の受付アルバイトをやっていた山下と，繁く図書館に通う黒川は顔見知りになった．何かのきっかけで，ともに数学専攻であることを知り，興味があるなら，山下が黒川に数学史の個人授業をしてやろうということになった．そしてある日の午後，約3時間ぶっつづけで，ギリシャ数学から，山下が心酔していたグロンタンディーク数学まで，一気に語ってくれた．そのときの強烈な印象は今も消えない．

上野の『大数』の連載と山下の個人授業が，黒川の研究テーマを決定づけたと言ってもよい．

大学での数学は代数系，整数論などに興味があったが，肝心のゼータ関数に関することは授業ではあまり教えられることがない．しかたなく，当時唯一の解説書といわれたティッチマーシュ(E.C. Titchmarsh) の著した“Riemann Zeta-Function”(Oxford UP)を一人で読んでいた．

大学4年生の1974年，ラマヌジャン予想がドリーニュによって解かれた．ショックだった．しかし，だからと言って，ゼータ関数への関心がうすれることはなく，研究テーマを変えようという思いはなかった．

77年に修士課程を終え，そのまま博士課程に進み，翌78年9月には東工大の助手に採用された．当時は博士課程を終えてから就職ということは少なく，だいたい修士を終えれば，それなりに大学のポストがあった時代だ．そのまま82年に助教授になり，91年から東大の助教授に異動．東大では大学院数理科学研究科新設をめぐる議論が活発だった頃だ．94年4月には古巣の東工大に教授として戻った．

なぜ新しい関数なのか

一貫して研究テーマは変わっていない．なぜなら，ゼータ関数の零点分布に関するリーマン予想はいまなお最強の未解決問題である．相当に手強そうだということがわかっている．問題が解決され目標を喪失するということは当面なさそうだ．それどころか，この状況はむしろ自分の性格に合っているのではないかと思う．すなわち，ドリーニュがラマヌジャン予想解決に合同ゼータ関数という新しいゼータ関数を使ったように，リーマン予想解決には新しいゼータ関数が必要だと考えているからだ．

ある日のセミナーにて．木村太郎さん（物理学・慶應義塾大）と．

オイラーはゼータ関数が素数を使って無限積で表せることを示した．一方，一般の三角関数も無限積で表すことができる．このアイデアを拡張すると多重三角関数をゼータ関数と結びつけることができる．今では多重ゼータ関数，あるいは黒川テンソル積と称されるものだ．この多重ゼータ関数をさらに拡張すると絶対保型形式，絶対ゼータ関数が展開できる．ゼータ関数の「絶対数学」版である．合同ゼータ関数やセルバーグ・ゼータ関数をはじめこれまで提案された複数のゼータ関数が，この絶対ゼータ関数によって統一できるという．

黒川にとって，新しい関数や予想問題を考えることは楽しみでもある．既存の問題について，より深く徹底的に解明するという数学スタイルもあるが，そのためには何が解かれていて，何が未解決か，どうしても先人の研究を追いかけなければならない．しかし新しい問題の場合には，そのような先行研究には縛られない．自分で自由に研究を進めることができる．ただし難点はある．絶対数学の場合には，その成果にどれだけ他の研究者が興味をもってくれるかという点と，また新しい関数が元のリーマン・ゼータ関数とどう関係しているのか，目指すべきリーマン予想解決に還元できるのかどうかという点である．この2つに関してはまだ成功しているとは言えないと黒川は語る．

「絶対数学」に拘る理由は他にもある．古典的なリーマン・ゼータ関数の場合には，解析接続とか，それこそ高校生には手も足も出ないような概念や操作を導入しないといけない．一方，絶対数学ならば，もっと簡単な操作で，リーマン予想解決に近づ

けると確信している．黒川の言葉を借りれば，通常の数学が《天と地の間の数学》であるのに対して，絶対数学は《天と地と底の間の数学》だという．絶対数学とは『1元体』という『底』から見る数学なのだ．

多くの関連書を出版しているのもそのことをぜひわかってもらいたいからだ．同時に，数学研究の方向として，既存の問題や予想を解決するだけでなく，未知の関数や概念を自分で考え，新たな数学問題を提出するという道もあることを若い人に知ってもらいたいという思いもある．

黒川の授業は，黒板いっぱいに数式が広がる．卒論研究の指導を受けた師，故菅野恒雄教授は90分の講義の間，学生の正面に向き合い，そして必要なことだけを黒板に書き記す．その間，教科書もメモ1つも見ない．ノートを棒読みするだけの授業，黒板に向かってひたすら書き続けるだけの授業が多かっただけに，その講義スタイルに感動した．これこそ大学の講義であるべきだと．今もそれに一歩近づけたらと心がけている．

さらに黒川の期末試験はユニークである．必ずある計算問題が出される．受験する人の楽しみとして，ここで詳細を記述するのは控えよう．

「現代数学」2016年5月号収録

黒川信重（くろかわ・のぶしげ）

1952年栃木県生まれ．1975年東京工業大学理学部数学科卒．東京工業大学助手，助教授，東京大学理学部助教授，東京工業大学理学部教授を経て，現在，東京工業大学名誉教授．専門は，数論・ゼータ関数論・絶対数学．著書に『ゼータの冒険と進化』（現代数学社），『絶対ゼータ関数論』（岩波書店），『ガロア理論と表現論：ゼータ関数への出発』（日本評論社）ほか多数．

三村昌泰

文＝冨永　星

「数学者は普通，結果について論じるものだが，数学教室の廊下で声高に問題の話ばかりしておる奴がいる」
かつて溝畑茂にそう評された大学院生は，研究者としての道が定まった後も，一貫して深い本質に絡む「エレガントな問題」を探しては，数理の手法で解きつづけている．

2016年3月19日，三村は「フィボナッチ数列を応用した人口解析」というポスター発表の前で，高校1年生の発表者と話しこんでいた．自分が作ったモデルと実値との乖離を気にする高校生に新たな観点を提示しながら，

「いやあ，ぼく，これは知らなかったなあ．……元論文はどこに出てたん？ ……にしても，なんでフィボナッチなの？」
と問いかける三村は，少年のような好奇心全開でいかにも親しみやすく，その質問に答えるうちに，たいそう年の離れた発表者の緊張も和らいでいくようだった．

三村自身は，自然が生み出すさまざまな現象に興味を持つ

いっぽう，数字をいじるのが大好きで，数学の問題が解けたときの達成感がたまらないと感じる少年だった．高校の数学の授業が始まる前に，先生への挑戦状として黒板に難しい問題を書いておくことも多かったという．

「でも，ちゃんと解く先生がおるんよね」

三村は楽しそうに振り返る．

山口昌哉教授

京都大学理学部で代数，幾何学系の研究者を目指す4つ違いの兄の姿を間近に見ていた三村は，ああいう生き方はできないと思った．現実から隔絶した数や式の織りなす世界で，いざとなれば数学と心中する覚悟でとことん自分を追い込んで数学を極めるのではなく，むしろ数学を役立てる方向で数学とつきあっていきたい．

数学が大好きだがいわゆる純粋数学は目指したくない，という弟の想いを感じた兄は，工学部に理学部数学科出身の先生だけで構成された学科があることを教えてくれた．数学と他分野のハイブリッド学科とは，これぞまさに渡りに船！

やがて三村は，三人の師と一人の「神」に出会うこととなる．

1人目の師は京都大学の山口昌哉教授．三村が入った京都大学工学部の数理工学科は1959年に新設されたばかりで，数学者(解析)である山口はその工学教育の講座を担当していた．

「先生から数学を手取り足取り教わったとか，そういうことはまったくなかったんやけれど……なんなんやろうねえ……」

三村が修士課程に在籍していたときに，山口とともに東大の南雲(なぐも)仁一博士から送られてきた偏微分方程式の解析に懸命に取り組んでいたところ，1年後に実はあれはまちがっていたという詫びの言葉とともに新たな方程式〔神経生理学の世界で有名なフィッツヒュー・南雲方程式〕が送られてくる，という事件があった．数学として面白いんやからかまへん，という山口に対して三村は，だったらぼくは数学者にはなれない，と思った．モデリングの方程式は数学的に面白いだけでなく，正しくなければ．それには式を作る段階から関わらねば……．

三村が，与えられた研究テーマになじめずに，他のことをしたいと申し出ると，山口は怒るでもなく，

「だったら自分で探しておいで．何かあったら話しにおいで」

といった．それでいて，アメリカのクーラン研究所に滞在中の山口のメールは，決まって，

「これからは，非線形やで」

という言葉で締めくくられていたという．やがて三村は，山口の友人だった寺本英(えい)(生物物理学者)，岡田節人(ときんど)(発生生物学者)らの生物物理学教室に出入りするようになる．

ジェームズ・マレー教授

さて，研究以外の大学生活はというと，入学するとすぐに軽音学部に所属し，ギターを手にした．やがてプロの腕前を持つ友人と語らって軽音を退部し，高校生と4人のバンドを組んで

演奏活動をはじめる．研究生活とバンド活動を両立させるつもりだった三村は，しかしある日，音楽に自分のすべてを注ぎ込んでいる人間には絶対に勝てないことを卒然と悟り，すっぱりと活動をやめる．

こうして研究一筋となり，甲南大学の教員になることはできたものの，一生をかけるべきテーマに巡り合えていない，というもやもやした気持ちは残り続けた．

そんなときに出会ったのが，第二の師ジェイムズ・マレー教授だった．オクスフォード大学の数理生物学者であるマレーが1975年に京大の生物物理学教室で行った講演を聞く機会を得た三村は，これだ！と思い，すぐマレーに手紙を書いた．そしてその翌年にオクスフォードに乗りこむと，自分が発見した反応拡散系〔空間に分布する物質の濃度が，物質が互いに変化する局所的化学反応と空間全体に物質が広がる拡散のふたつのプロセスの影響で変化するような系〕としての赤潮に関するある事実を手土産代わりに発表した．

ところがなんと,「その結果はかなり前にアラン・チューリングが発見している」といわれてしまう．当時の日本では反応拡散方程式は軽く見られ，すでに発見されていた「拡散誘導不安定性」も知られておらず，その結果，三村はこのパラドックスをまったく別のやり方で再発見していたのである．ちなみにアラン・チューリングは，今も三村にとって「神」のような存在だという．とはいえ，この重要な事実の再発見が，三村の力量を示す勲章となったことはまちがいない．

数理生物学から現象数理学へ

工学部出身の三村がコンピュータで反応拡散パターンを作っていると，マレーは「そういうのを手で描いている数学者がいるよ」と教えてくれた．三村はすぐにアメリカに飛び，第三の師となるポール・ファイフ教授に解析(特異摂動法)を教わった．こうして三村はついに「数理の手法による生物学」という己の研究の道を探り当てたのだった．

数理生物学の道を進み，さまざまな現象を「非線型性」の眼鏡で見るようになった三村の前に，やがて「自己組織化」というキーワードが浮かび上がってきた．自己組織化とは，「生物に限らず自然界のさまざまな場面で見られる，わりと単純な物理的原理(微分方程式)から自立的に秩序を持つ構造が生じる現象」のことで，雪の結晶の成長やDNAの二重らせんの形成やシマウマの縞の形成などがその代表例だ．この「自己組織化」の観点で世界を眺めると，さまざまな現象が見えてきて，燃える紙の先

端の炎が舐める箇所の形状の変化なども記述できる．

こうして三村の研究は，数理生物学から無生物をも含むさまざまな現象の数理的手法による記述——すなわち現象数理学——へと広がっていった．

「ぼくは数学者ではないんや」

三村は「ぼくは数学者ではないんや」という．なぜなら，数学

が「違うようで同じものの共通点」を追うのに対して，現象数理学者は「同じようで違うものの差異」を追うからで，「モデルは現実を反映していてなんぼ」だからだ．

現象を数理の言葉で記述するには，現象からそのエッセンスを抽出するモデリングの力と数理の言葉を使いこなすセンスがいる．ところが物理のような第一原理が存在しない分野の現象の本質を抽出するには，往々にして論理からはみ出た泥臭い作業が必要になる．そういう作業に耐えかつ楽しめる研究者が，現象から本質的に新しい数学の芽を拾い出し，ときには純粋数学者の力を借りながらモデルを解析して社会とつながり，いっぽう新たな数学の芽そのものも純粋数学の世界で新たな数学として大きく花開く．そのような開かれた流れが確立されて，いわゆる純粋数学と現象数理学という応用数学がともに栄えることが三村の理想だ．

三村は今もそのために，青少年に現象数理学を紹介し，海外の研究者と「癌化」の研究を続け，最近は明治大学先端数理科学インスティテュートの若手研究者と「進化」の研究を始め，博士課程の学生を指導している．

イギリスの数学者イアン・スチュアートがいうように，「ビジネスマンがビジネスチャンスを見つける人であるように，数学者とは，数学をするチャンスを見つける人」だとすれば，本人の弁はさておき，三村はまさに「数学者」なのである．

「現代数学」2016年6月号収録

三村昌泰 (みむら・まさやす)

1941年，香川県高松市に生まれる．1965年京都大学工学部数理工学科卒業，1967年同大学院修士課程修了．1976年にオクスフォードで1年間研究生活を送り，その後広島大学，東京大学などの教授を歴任．
2005～2014年には明治大学先端数理科学インスティテュートの所長，2013～2014年には日本数理生物学会会長を務める．2019年4月から広島大学大学院統合生命科学研究科・客員教授．専門は，現象数理学．

河東泰之

文＝内村直之

作用素環論は，無限次元の線形代数，その代数的枠組みの研究だ．そこに登場する作用素は「数」の拡張，その環は「空間概念」の拡張であるという．

そこで無尽の活躍をする一人の数学者は，次第に作用素環の源泉ともいえる物理の世界と数学の関係の奥深さに魅せられていた．

数学は物理にどう挑んできたのか．

浅野泰之は，麻布中学入試が終わった春休みに，高校レベルの多項式の微積分を片付けた．それからは，わかってもわからなくても大学レベルの数学の本を手当たり次第に読んだ．数学専門書店や東大数学科図書室の常連ともなった．高木貞治『解析概論』は朝飯前，ルベーグ積分，関数解析から超準解析，ブルバキや岩波講座『基礎数学』も手にとった……おそるべき数学少年だった．小学校のころから思っていた「数学者になりたい」という道をがむしゃらに進んでいた．

しかし，そこで寄り道だ．コンピュータである．中学2年のころ，化学の技術者だった父親が日本初のマイコンキットTK80（日本電気製）を買ってきた．むき出しのICに無骨な16進数の押しボタンと8桁のLED表示がついているだけのマシンが，最初に触ったコンピュータとなった．数当てゲームなどの簡単なプログラムを書くのが面白かった．PC-8001やApple IIなども使ってトランプやオセロなどのゲームプログラムを書いてはコンピュータ雑誌に投稿した．商品化されたものでは印税も受け取った．

アセンブラまで自作するコンピュータの「セミプロ」生活は高校，そして東京大学入学後も続く．フライトシミュレータのプログラムを作ったり，パソコンの解説書を書いたりと売れっ子となっていた．大学2年で書き，1983年に出版したパソコンの解説書『PC-9801 システム解析』上下 2 巻は，ブームに乗り，爆発的に売れたという．発売初日，東大本郷生協書籍部で平積みにされた本がたちまち売れていくのを泰之は間近に見た．上下合わせて 5 万部も売れた．収入は 100 万のオーダーを遥かに超えていた．東京の実家を離れ，一人自活の生活をする余裕がすでにあった．

数学生活へ戻る

同年 4 月，理学部数学科へ進学した．それ以外の分野へ行く気はまったくなかった．厳密でないものに触るのは嫌だったのである．コンピュータに関する「仕事」は次第に趣味程度に縮小

させ，「少しまじめに数学を勉強した」というが，そのレベルは推して知るべしだろう．

4 年生のセミナーでは小松彦三郎についた．解析分野を専門とするつもりだったが，何に取り組むかは迷った．微分方程式論は好みではなかった．小松の選んだテキストの中にロナルド・ダグラスの C^* 環の本があった．作用素環である．小松の専門

ではなかったが，「面白ければ読もう」という鷹揚さで選ばれていた．それまでに読んだ本の中に C^* 環に関するものがあったし，『数学セミナー』誌で読んだ荒木不二洋の作用素環の記事も印象に残っていた．これが，泰之と作用素環の世界のファーストコンタクトであった．

ちょうど5月，ヴォーン・ジョーンズが作用素環論に基づいて結び目の不変量を表す多項式を発見したというプレプリントを手にした（この功績で1990年にジョーンズはフィールズ賞を受賞した）．作用素環と低次元トポロジーが結びついた事実に感銘は受けたが，「これに関係したことが自分の専門になるとはちっとも思っていなかった」．

無限次元の世界へ

「作用素環論」という数学の分野は万能の天才ジョン・フォン・

ノイマンが書いた『Zur Algebra der Funktionaloperatoren』(作用素の代数について，1929年)をきっかけとし，フランシス・J. マーレイとともに書いた4つの論文でいわゆるフォン・ノイマン環が展開されたことから始まった．その後，イズライル・ゲルファントとマルク・ナイマルクが C^* 環の理論を創始し，作用素環全体の構造を捉える分類理論が数学者の大きな課題となった．70年代，アラン・コンヌがある設定のもとでフォン・ノイマン環の自然でほぼ完全な分類理論を構築し，82年にフィールズ賞を受けた．そこから生まれた非可換幾何学は数学のパラダイムを大きく変えた．

日本でも作用素環論が盛り上がった時代はあったが，一部を除きやや沈滞の時期を迎えていた．泰之が作用素環論に取り組み始めたころ，東大にそれを専門にする人はいなかった．だから小松は，夏休み前に米国留学を勧めた．年末にはカリフォル

ニア大学ロサンゼルス校(UCLA)に行くことに決めた．そして，教養学部の同級生であった河東晴子と結婚，姓を浅野から河東(かわひがし)に変えた．

UCLAでは，冨田・竹崎理論で有名な竹崎正道に師事した．系統的に勉強するというよりは，中学生時代と同じように好きなものを好きなようにやっていたようだ．

しばらくは数学的な分類理論を展開していたが，京都で開かれた国際数学者会議(ICM-90)の後，京都大数理解析研究所で荒木不二洋のもとにいた英国のデヴィッド・エバンスと巡りあった．送った論文についてエバンスは「これは物理のほうで同様のものが考えられている．その立場から見るとずっと見やすく一般化できる」と言った．泰之はとても驚いた．

「物理的な問題設定は，数学だけやっていたのでは思いつかないもの．数学における設定は無限にあって，その中には考えてもしょうがないものがたくさんある．しかし，現実的な物理的背景があれば，それは明らかに重要かつ面白いと期待できるのです」．数理物理的な考え方に目覚め，泰之はエバンスと共同研究を進めた．

当時，ルーマニア出身のアドリアン・オクニアーヌがジョーンズ理論から導入したパラグループについて研究を進めていた．「それが物理でいう『格子模型』と似ていて，数学に使えるアイデアだとエバンスにいわれたんです．結局，意外な発展に結びついた」．泰之は，オクニアーヌという「証明を書かない数学者」の数少ない理解者として活躍，後にはその成果をエバンスとの共著にまとめている．

ジョーンズ理論も完全に数学から生まれてきたものだったが，いろいろな物理との関係が見つけられた．特に場の量子論で使われる「共形場理論」と深く関係している事実は研究者の興味をいたく刺激した．泰之はこの方向でイタリアのロベルト・ロンゴとの共同研究を始め，物理からの問題にさらに取り組むようになった．

いいアイデアが浮かぶのは一瞬である．2001年，ローマのテルミニ駅そばの古いアパートで暮らしていたとき，それまでの取り組みがすべて合流し，問題が解けたことがあった．「ぼーっと座って考えていたら，『簡単にできるじゃないか』と思いついた．それは，結局，共同研究の結果の中では一番成功したものになりました」．

場の量子論を目指して

場の量子論とは，無限個の対象に対する量子力学である．それは，物理学者にとって素粒子について質量などの性質を具体的に計算できる強力な道具だが，数学者にとってはだいぶ意味が違う．

「数学者は，巨大な理論のごく一部の数学的構造を見るだけ．私は代数的場の量子論という方法で観測可能量の作用素環の族を一所懸命考えている．そこに数学的に面白い構造があるからやっているわけで，物理的なことは気にしていない．」

数学的に厳密な場の量子論を構成しようという試みは，20世紀中頃に注目されたが，完成してはおらず，今取り組む人はほとんどいない．その中では，量子場を作用素環で書き表す代数的場の量子論は数学として発展を続けていた．

厳密な数学による扱いにはいくつも切り口が見つかっている．有限単純群の分類で登場するモンスター群を巡る議論から生まれた「頂点作用素代数」で書いた場の量子論もあれば，共形場理論を代数的場の量子論で考えた局所共形ネットという場の量子論もある．この2つがどうしてあるのか，泰之には不思議だった．2015年，ロンゴらとこの2つの深い関係を明らかにした．「これからの大きなきっかけです」．

このところ，論文はどんどん長くなるという．「いろいろなことが関係してきて，あっちのテクニックを使い，こっちの結果と組み合わせて……ということをやっていると，引用文献だけでも膨大になる」．解くべき問題はまだまだたくさん抱えている．

「現代数学」2016年7月号収録

河東泰之（かわひがし・やすゆき）

1962年生まれ．麻布中・高を卒業後，1981年東京大学入学，83年数学科へ進学．85年同大学院入学後，カリフォルニア大学ロサンゼルス校大学院へ留学．89年博士号取得後，東京大学理学部助手に．同講師，助教授を経て99年から東京大学大学院数理科学研究科教授．2011年から同大カブリ数物連携宇宙研究機構併任研究員．作用素環賞（2000年），日本数学会春季賞（2002年）を受賞．

梅田　亨

文＝亀井哲治郎

「数学の面白さとは？」と問われて，梅田さんはこう答えた．――
「最先端の研究こそが面白い，それ以外の数学はすべて，そこへ向けての準備だ，と考えている人もあるだろう．しかし，私にはどんな数学でも面白い．小学校の算数であれ，高校生の受験勉強であれ，200 年前，300 年前の数学であれ，そのなかに数学そのものがあれば面白いと思う」

独学でまなんだ数学

ずっと計算が苦手だった．1 桁や 2 桁の足し算や引き算なんて，ふつうは何も考えずに感覚的にパッとできるようになるのだが，足し算はともかく，たとえば 15 − 7 のような引き算となると，「えーと，5 − 7 = − 2 だから，これに 10 を足すと……」と計算していた．

小学 2 年のとき腎臓病で 2 ヵ月余り入院したために，その間になされるべき計算訓練が決定的に不足していたこともあり，自己流の計算法を考え出したのである．負の数の概念も低学年のときに知っていたという．

算数の試験は計算問題が多い．しかも限られた時間内に解かなければならない．点数が悪かったわけではないが，算数に苦手意識をもつようになった．しかし一方で，科学や数学への憧れはもち続けていて，さまざまな科学書を読んだ．たとえば板倉聖宣編「発明発見物語全集」の 1 冊，『ピタゴラスから電子計算機へ』には深い感銘を受けた．円周角不変の定理の証明の面白さが印象に残っている．

5 年生のある日，父が見ていた NHK 教育テレビの高校講座をなんとなく見ていると，「代数」という言葉が出てきた．以前，

梅田 亨

何かの本で円錐や球の体積を求める話を読んで,「幾何」が図形を扱うものと知っていたが,「代数」は全く見当が付かない.

「代数って, 何？」

すると父は, x や y を使って, 連立２元１次方程式の解き方をやってくれた. 面白かった. そこで矢野健太郎著『代数入門』など, 自分でも読めそうな大人向けの本を買って読んだ.

何か知りたいことがあると, 高校生や大人向けに書かれた本を探して, 一人でこつこつと, より進んだ勉強をする. 先生から教わるのではなく, 自分でまなぶ. しかも, 自分なりに理解し納得できるまで, じっくり, とことん考える. すなわち独学である. これこそが亨少年が小学生のころから身につけた勉強法であり, 中学・高校・大学……と続いていくのである.

梅田 亨

あるとき百科事典でFour-foursというゲームを見つけて，友達と夢中になって解き合った．数字の4を4つ使っていろいろな数を表すのだが，＋－×÷や√など，さまざまな演算記号を動員することが面白く，しだいに数学記号への興味が募っていく．

5年の冬休み明けのある日，ふと新聞の第一面の広告に目が留まった．『数学セミナー』が「数学の記号」を特集するというのだ．

本屋に走り，買い込んだ雑誌をむさぼり読んだ．十数名の執筆者が数学記号をめぐってさまざまな話題を書いていた．

これをきっかけに『数学セミナー』を毎号欠かさず読むようになった．11歳の愛読者の誕生である．とくに遠山啓，矢野健太郎の数学解説記事やエッセイなどを好み，2人の文庫・新書や単行本にも手を伸ばしていく．

また中学・高校から大学にかけては，岡潔や森毅のエッセイや数学書も愛読した．2人の手に入る限りのものは読んだという．

表現論の道へ

京都大学理学部に入学が決まり，

「さぁ，思い切り数学をするぞ！」

と梅田青年のこころは沸き立ち，独学精神を存分に発揮することとなる．語学と体育以外はほとんど出席をとらず，学生の自主性に任せていた京都大は，最高の環境だった．

関心の赴くまま，さまざまな講義を受講し，たくさんの数学書を読んだ．とくに，高校時代から少しずつ読んでいた『岩波数学辞典（第2版）』を，大学生になってきっちりと読むようになった．そのなかでI.M.ゲルファントの「可換ノルム環の理論」を知る．

「面白そうだ．ちゃんと勉強したいなぁ」

4回生は卒業研究の「講究」を選ばなければならない．理学部の数学者のみならず，教養部や数理解析研究所，さらには非常勤の人たちまで，多士済々の顔ぶれから1つを選ぶのである．梅田さんはあえて2つを選んだ．「可換ノルム環」をテーマにする平井武先生，「無限次元の多様体」がテーマの松浦重武先生．そして，もっと「可換ノルム環」を学ぼうと大学院に進み，吉沢研究室に入ったところ，そこは表現論を研究する人たちの集う場所だった．

思いがけず「表現論」に足を踏み入れることになったのだが，数理解析研究所で開催される表現論の研究集会などに出てみると，どうも自分の思い描いていたイメージとは異なった研究がなされているように感じるのだ．

「この先，表現論はどんな方向に行くのだろう？　地に足を付けて，生涯にわたって研究すべきテーマが見つけられるだろうか？」

確信のもてない，もやもやとした悩みを抱えつつ，大学院時代を過ごしていた．

天啓のごとく転機が訪れる．修士論文から博士論文へと進むうちに，あるきっかけでロジャー・ハウ（Roger Howe）の論文 “Remarks on classical invariant theory” のプレプリントを読み，ハウの研究と出会ったのである．

以前よりハウの「好一対（dual pair）」には興味をもっていたが，このプレプリントを読むと，H. ワイル《Classical Groups》の前半の不変式論で取り上げられたカペリ恒等式（Capelli identity）について，ハウが好一対という枠組みでの解釈を提示していたのだ．いわば，ハウによって初めてカペリ恒等式に明快な意味があることがわかったといってよい．そして，この本質的な認識

にワイルの古典的不変式論があるということが，梅田さんのこころを強く捉えた．

「ぼくのやりたい数学がここにある！」

折しも募集のあった文部省の在外研究員に採用され，ハウ教授(イェール大学)のもとへ渡米，カペリ恒等式に関する共同研究が始まった．そして共著論文へと結実する．カペリ恒等式の研究は梅田さんのライフワークとして，現在もなお続けられている．

「まだ究極のカペリ恒等式には到達していないが，認識はだんだんと深まっていると思う」

という．

梅田さんには研究仲間でもあり，議論仲間でもある友人がいる．野海正俊，若山正人，三町勝久，落合啓之といった表現論の研究者たちだ．学会や研究集会などの折りには連れだって食事や飲み会に繰り出す．話題はほぼ数学のみ．夜を徹して語り合うこともしばしばだ．もちろん共同研究もする．伝説の私家版冊子『現代の母函数』をまとめたのもこの仲間との共同作業

だった．また最近，ゲルファントの講義録『多変数超幾何函数』(吉沢尚明監修) を野海・若山両氏とともにまとめあげた．

新しい数学書の可能性

梅田さんはこの3年余り，『数学セミナー』誌上で「森毅の主題による変奏曲」と題する長編評論を書き続けている (2018年に単行本化された)．森毅の主要著作『現代の古典解析』『ベクトル解析』『位相のこころ』などを中心に，梅田さんの思想形成において強い影響を受けた数学者・森毅の著作から読み取れる《意味》を，ときに共感しつつ，ときに批判しつつ検討する試みだ．それは同時に，自分自身の数学観を見つめ直すことでもある．

ユニークな試みである．これを踏まえて，そこに「自分が納得するまでわかりたい」という独学で積み重ねた経験を加味すると，これまでにない新しい数学書が生まれるのではないだろうか．一読者として，期待してみたい．

「現代数学」2016 年 8 月号収録

梅田 亨 (うめだ・とおる)

1955 年大阪府豊中市生まれ．1978 年京都大学理学部を卒業．85 年同大学院理学研究科博士課程を修了．助手となる．その後，助教授を経て，現在京都大学大学院理学研究科准教授．89 年－90 年に約 10 ヵ月間，イェール大学にて Roger Howe 教授のもとで研究生活を送る．理学博士．専門は表現論，不変式論．

小林俊行

文＝里田明美

新しい数学の分野を切り拓く「創始」の数学者として注目を集める.

斬新な切り口で新たな分野を生み出し，その理論の土台を自らが一気に作り上げる.

「良い理論は，素直で，自然で，深い．誰かが発見しなければ永久に埋もれたままかもしれない．しかしいったん発見されると，あたかも昔からそこにあったような自然なものだと思うのです」.

分かってしまうと当たり前のように感じる理論や定理．微分積分の発見だって，ニュートンやライプニッツは相当苦心したはずだ.

誰も思いつかないような問題意識で，大胆な視点から対象に向き合うと，真の発見があるようだ.

「創始」の大きな仕事の一つが1994年から98年にかけて完成させた離散分岐則の3本の論文だ．やわらかく言えば,「無限次元の対称性を解明する数学」である．無限次元を考える発想の原点はシンプルだ．私たち人間は，3次元までしか知覚できない．でも本来の世界が無限次元であるならば，その大きな器で考える方が自然である，と．絵画は3次元を2次元にしたもの，学校の成績は無数の能力を限られた個数の価値観で評価したものともいえる．低い次元に押し込めたものは，無限次元の影や断面かもしれない.

一方で，物事を根源的な要素に分解することで理解しようという哲学がある．根源的な要素は，視点によって異なる．分子は，物質を分析するときは根源的な要素だが，視点を変えて，分子を原子，素粒子，……とさらに分解すれば，より深く解明できる.

88年，無限次元表現の対称性の破れが，離散的にきれいに記述できるという不思議な現象を見つけた．微分幾何学でその現

象を拡張しようとしたが，良い方向性が見えず，しばらく放っておいたという．そしてプリンストン高等研究所の客員研究員だった92年，森を散策中に，表現論を使って一般化する証明を思いついた．

実は80年代まで，無限次元表現の分岐則理論は難しすぎて専門家も敬遠する問題だった．解析的に扱っても混沌とし，前に進めても良いものは出てこないと思われていた．そんな中で，対称性が破れても，混沌とせず秩序が保たれている部分を取り出すことに成功．そこを軸にして分岐則理論を切り拓くというアイデアが浮かび，視界が開けた．

5年かけて，幾何，解析，代数のそれぞれの視点から論文を執筆した．登るのが難しいと言われている山の頂上に向け，3種類の別々の登山ルートを築いたようなものだ．すると「分解して砕ける様子を研究したい」「その断片を突き詰めたい」「砕け方から元の構成要素を分析し全体を捉えたい」などの問題意識に共鳴し，この研究に参入する数学者が次々と現れた．

離散分岐則の三部作は，異分野の数学を結び付け，一つの舞台へ引き込むきっかけとなった.

筋が良いかどうか

研究で大切にしているのは,「筋(本質)が良いかどうか」. 筋が良いものは自然に深く伸びて行くし, 良くないものはやがて人工的でいたずらに複雑になっていく. 思考を巡らせ,「筋が良い」と感じたとき, 理論として結実する道が開ける気がする.

数学で未知の世界に遭遇したとき, 間違いを恐れず思考をどんどん飛躍させ, 計算, 実験, 論証を試みる. その一方で,「もやもや」して言葉にできない理論の断片を切り捨てず, それを心の中で遊ばせ, ゆっくりと育てる.

最初の発見を10年くらい育ててから, 論文を一気に書き始める. 後から思いついたアイデアの方が, よりシンプルで分かりやすいと感じれば, それまでのものにはこだわらない. そして最後まで残った上澄みの中に普遍性をもつアイデアが潜んでおり, それが, 新たな発見と広がりを生む原動力となる.

「数学は創造の学問だ. 普遍性と生命力がある. 良い理論は, いつの間にか古典を取り込み, さらに大きな森をつくる」. その言葉を裏付けるのが, 修士論文と博士論文の, その後の進展だ.

修士論文では, プラズマが丸いかどうかにも関連する理論を作った. もう30年も前の論文だが, 2, 3年前にイタリアの学者が, その論文を用いて画像処理のある問題を解決した.

25歳のころには, その後の大きな理論の萌芽となる新しいアイデアがいくつも湧いていた. その一つに端を発したのが博士論文で, これは「リーマン幾何学の古典的な枠組みを超えた不連続群の理論」(88年)を主テーマとしたものだ.

球体の一片から球全体の形を知るように, 局所均質性から大域を知ることはできるのか——. そして, 局所的な性質を決めたときに大域的な形がどの程度定まり, どのくらい自由度があるか——. 距離のない空間で, それを統制する大域理論を作った.

小林俊行

日本ではほとんど注目されなかったが，フランスと米国では注目を集め，あの有名なグロモフも遠くから講演を聴きに来た．マルグリスは数年後，自らこの問題に取り組んだ．

一連の幾何的な論文を完成させた後は，解析へと関心は拡がる．太鼓のような閉じた空間をたたくと音が出る．弦楽器なら弦が長いと低い音となり，短いと高くなる．このようなことが距離のない世界でも起こるのか——．

まず，そうした音色を聞く道具（手段）を自ら開発する必要があった．そして2005年，自身が生み出した幾何学的な空間は「形を変えても同じ音色が含まれている不思議な『楽器』」となっていることを発見した．現在は，無限次元の表現論を使ってその謎を解明しようとしている．

同様に高い評価を得た「複素多様体における可視的作用の理論」は，サマースクールの講義で訪れたチュニジアでひらめいた．虹は7つの色が一通りの並び方でしか現れない．こうした唯一無二の性質は，テーラー展開，フーリエ級数にも潜んでいる．その「無重複」の構造を生み出すからくりを見つけ，判別する統一的な理論を作った．

超人気の講義

優れた数学者であると同時に，優れた教育者でもある．講義は，研究と同じくらいの情熱を持って臨み，準備に時間をかける．

特に文系の1，2年生向けの「数理科学概論Ｉ」は超人気の講義．以前，400人の教室が埋まり，立ち見や，床に座って受講する学生が出た伝説の講義だ．

微分や積分の概念を視覚的にイメージさせ，数学の普遍性が，日常の中でどのように見出されるか，具体的な例を挙げながら紹介していく．景気が良くなったという感覚は，今年と昨年の景気の変化量であり，言い換えれば，景気の微分である．同時に数理モデルの有効性と危険性を説く．

「文系の学生にとって，大学教養課程で習う数学は，人生で最後の数学の講義になる可能性が高い．だから本物の数学に触れ，概念を学ぶ練習をしてほしい」．学生たちが社会に出て必要になったとき，抵抗なく再び数学を学べるよう，地力を身につけてほしいと願う．

少年時代の幅広い興味

幼いころから，幅広い興味とひらめきと集中力があった．小学1年のとき，1～100まで足すといくつになるかという問題を母親が出し，ガウスと似たような解き方で解いた．そのアイデアを拡張しようとして，数遊びの中で等差数列の存在に気付いた．その「発見」に心が躍り，母親に報告すると，「数学者なら知っているのと違う？」と言われ，数学（算数）への興味が一気に失せたという．その後は，アポロ打ち上げ時の外国の雲に興味を覚え，朝夕，雲の形をスケッチした．3，4 年のときには化学に関心を持ち，家にあった工業化学の本に刺激されて，水と塩化ナトリウムから塩酸をつくろうと電気分解などを工夫してみた．小学校では分数の割り算など，先生が教えにくいテーマになると授業を任された．5，6 年になっても学習塾には行かず，野球に熱中した．

灘中学に入学．中 1 ではユークリッド幾何も学んだ．中 2 で大学の入試問題程度は解けるようになったが，数学に関してその後の進歩はたいしてなかったという．音楽や卓球に夢中になり，数学の知識はほとんど止まったままの時間が高 3 まで続いた．

東大合格の日，高木貞治の『解析概論』の存在を初めて知った．数学と物理に没頭し，入学して３カ月後には佐藤超関数論の原論文を読み，相対性理論も自習した．

実は大学入学時に，ある覚悟を決めていた．「これまでいろいろ興味のあることをしてきたが，何かに絞って長い時間をかけて努力したことがない．一つのことに賭けてみたい」と．

２年のとき，ひと夏かけてフーリエ解析の一つの問題に集中し，レポートを書いた．担当の上野正教授はそれを「ちょっとした小論文」と評価し，期末試験を免除してくれた．「少ない知識でも一生懸命考え続けた．当時何を考え，何を感じ，何を工夫したかはおぼろげに覚えている」という．「いっぱい仮説を立ててはこける経験」を経て，数学科に進む決意が固まった．

画期的な発想と深い洞察で，不思議な現象を見出し，それをきっかけとして新しい概念や理論を作りだしてきた．生み出した豊かな領域は，数学の分野の垣根を超えて調和し，古典にもつながる．それが世界中の数学者を引きつける．招待講演の依頼や共同研究の申し出は引きも切らない．

「20代のころは，抽象思考を積み上げた．でも今の方がもっとやわらかい思考ができる．突破口を見つけたなら，どんな藪も切り拓く」．根気も以前に増してある．

「現代数学」2016年9月号収録

小林俊行（こばやし・としゆき）

1962年大阪市生まれ．85年東京大学理学部数学科卒業．87年東大大学院修士課程修了．助手となる．京都大学数理解析研究所教授などを経て2007年から東大大学院数理科学研究科教授．日本数学会春季賞（99年），フンボルト賞（08年）など受賞．14年紫綬褒章，17年アメリカ数学会フェロー

山本昌宏

文＝吉田宇一

「たとえ生まれ変わっても，きっと数学者になって逆問題を研究しているにちがいない．
ものごとのからくりの本質を知ることのできる学問って，すごいことだ」と山本は言う．

数学は音感だ！

以下に掲げたのは，R. シュトラウスの最晩年の歌曲「4 つの最後の歌」の 4 曲目《夕映えの中で》（フォン・アイヒェンドルフ作詩）の冒頭の一節である．

*

Wir sind durch Not und Freude ／ gegangen Hand in Hand, ／ Vom Wandern ruhen wir ／ nun überm stillen Land.

（私たちは苦難も喜びのときも／手に手をとって歩んできた／今や，さすらいをやめ／静けさに満ちたこの地に憩いを見出している）（山本訳）

*

管弦楽の壮麗な響きと天にも通ずるかのようなソプラノの歌声とが重なり合う．gegangen（「行く」の過去分詞）の最初の ge を軽く，次の gan を長く引き伸ばす響きに，あたかも乗り越えてきた長い行程を感じさせるドイツ語ならではの音感があると山本はいう．さらに，1 回目の Hand はさりげなく，2 回目の Hand は情感のこもったニュアンス（手を軽くとってぬくもりを確かめ握りかえしているような感じ）がこめられる．

数学者山本は，はじめはさりげなく，あとでじっくりというこのドイツ語固有の音感は自分の数学のやり方とつながって

いると感じている．

数学しかなかった！

山本は，1958年(昭和33年）東京・巣鴨で生まれる．近所に江戸六地蔵尊で有名な眞性寺があり，子どもの頃は地蔵によじ登ったりしたわんぱく少年だった．小学校のとき，つるかめ算が好きだったということは理由にならないが，中高一貫の麻布学園に進学する．

なんとなく数学は好きだった．後に大学教授や世界的な研究者になるような同窓生や先輩を間近に見ていると，とても彼らに伍して数学をやっていけるとは思えなかったが，数学しかないと思っていた．当時，大学紛争の影響だったのかどうかわからないが，麻布には東大の数学科を卒業したばかりの若手教師が多く，彼らの教育にかける熱意には並々ならぬものがあった．学習指導要領もなんのその，とにかく教えたいこと・伝えたいことを語り尽くす型破りな数学に圧倒された．

1977年東大理科一類に合格．同学年には深谷賢治氏らがいる．数学科に進学することは早くから決めていたが，その頃の数学科は人気があり，かなり好成績でないと進学できないといわれていた．まともにやっては俊秀には勝てないと思い，数学以外の科目でもなんとか良い成績を修めて，少しでも有利に運ぶようにした．今でも思い出すくらい猛勉強した．もっとも中高以来，文系の学問にはおおいに関心があり，それほど苦ではなかった（当時の漢詩や中国史への興味は現在，中国人留学生や研究者と交流する際に役立っている）．

無事，数学科に進学する．昔から漠然と代数系よりは解析系のほうが自分に合っていると感じていた．そのため 3 年時から頼んで藤田宏教授のセミナーに参加させてもらい，定番の吉田耕作著の Functional Analysis（Springer）を読んだ．4 年時も大学院も藤田研究室で学んだ．関数解析はもとより偏微分方程式，さらには制御理論に取り組んだ．非常に丁寧に指導してもらっ

たが，加藤敏夫先生以来，伝統ある研究室の末席にいて，自分ならではの研究を見つけて続けていくことの困難さを感じ，自分が歯痒かった．

数学の新天地へ，数学は自由だ！

きっかけがあって，京都大学で行なわれた研究会に参加．そこで山口昌哉教授を囲むグループの研究に接した．そこでは，東大数学科とは違う雰囲気で偏微分方程式の研究が進んでいた．山口グループは，もっと自由な枠組みで，同じ非線形方程式を扱うにしても，いろいろな現象に直接つながる観点が目立ち，それまでの数学の形式にこだわらず研究対象を広げていた．それはとても魅力的に思えた．そうだ，伝統の枠組みにこだわらずに，ほんとうに自分に合ったことをやればいいんだと思うようになった．大きな転換である．

1983年博士課程に進んだ頃から「逆問題」に関心を向けた．当時は，いわゆる欧米などの西側諸国では，逆問題はまだ学問的に整備されておらず，新たに何かできそうな気がした．一方で，ソ連で研究がおおいに進展していた．当時の事情から，手に入るのは証明が完全にはついていない論文ばかりで，彼らと会って直接に議論したり，共同研究できたらさぞや素晴らしいだろうなと夢想していた．

少しずつ逆問題をテーマに論文が書けるようになり，1985年に，幸いにも東大教養学部数学教室・教養学部基礎科学科第二・工学部附属境界領域研究施設（いまの東大先端科学技術研究センターの敷地にあった）の3組織にまたがる助手ポストに就け

た．数学科以外の研究，教育の雰囲気に身をおいていた経験は今の数学をコアにした異分野・産学連携に生きている．

1991年8月には逆問題研究の世界の中心といってもよいソ連のノボシビルスクでおこなわれた「日ソ逆問題会議」に参加．その直後，モスクワの「チホノフ会議」のときに政権のクーデターが勃発．ゴルバチョフが失脚し，ソ連崩壊へとつながる歴史の大事件に遭遇した．

1992年から93年にかけてフンボルト財団によるポスドク研究員としてミュンヘン工科大学のK. H. ホフマン(Hoffmann)教授の下で研究を続けた．英語圏と異なるドイツの文化やコミュニケーション，発想や人生観，数学の進め方にいたるまで，決定的な影響を受けた．たとえば，自分のやりたいことを周囲に明示的に説明しつつ自由に進め，他の人の意見もそれが明示的になされる限りは耳を傾け，その場の「空気」に流されることなく納得がいくまで議論をするということがある．また今も続

く多くの研究仲間もできた．ミュンヘンやベルリンなどは，研究意欲をかきたててくれ，街角ごとに強い愛着を持っているHeimatstadt（ふるさと）のような街である．

数学は現場が大事！

数学に純粋も応用もないというのが山本の信念である．日本では，応用数学を英語でapplied math. ということが多いが，むしろapplicable math. というのが適切で，〈応用された〉数学ではなく，〈応用可能な〉数学と考えるのがよいのではないかと常々思っている．

逆問題は性格上，出自は現実の問題にあり，きわめて多様である．その意味では「現場」に立ち会うことが大事だ．思わぬ発見がある．とても単なるproblem solverではいられない．現場では何が問題になっているか，何が必要なのか，そこで，初めて自分の持っている数学力を活かして問題が設定でき，解決を目指すことができるのだ．いろいろな分野の研究者との議論，会話が重要になる．今取り組んでいる新日鐵住金や東和精機などとの共同研究もまた現場に足を踏み入れなければ成功しなかったという．

モザイクがかかった画像は一見，視えそうで見えない．その向こうにはいったい何があるのか．逆問題の対象と可能性は無限である．

「現代数学」2016年10月号収録

山本昌宏（やまもと・まさひろ）

1958年東京・巣鴨生まれ．1983年東京大学大学院理学系研究科修士課程数学専攻修了．理学博士．東京大学教養学部助教授を経て，現在，東京大学大学院数理科学研究科教授．専門は逆問題の数学解析．

津田一郎

文＝冨永　星

学位論文公聴会の折に，当時カオスに取り組んでいた数学の山口昌哉教授に
「なんや物理で暴れとる面白いのんがおるで」
と評された院生は，やがて，不確かなものを不確かと認識する脳の成り立ちに，カオスの観点から迫ることを決意する.
それから三十有余年……

きちんと方程式で表されていながら予測不可能な振る舞いをする系を，カオス的な系という．ニュートン以来，方程式で表された物理現象は遠い未来まで予測可能とされていたが，極端な初期値鋭敏性を持つカオスによって，方程式と未来予測を結びつける試みは破綻した．カオスには非可算無限などの手強い無限概念がさらりと登場し，データのわずかな差が猛烈に増幅されるため，丸め誤差が生じるデジタル・コンピュータでの解析はそのままでは役に立たない．19 世紀に現象が観測されながら，長らく「雑音」扱いだったこの現象が真剣に取り上げられたのは 1960 年代，カオスと命名されたのは 1975 年で，津田が京都大学大学院に進む直前のことだった．

「カオス」との出会い

高校で学生紛争を経験した津田は，「わたし」という存在の観測に立脚しつつ「人間業を超えた普遍的なものを探す」方向へ踏み出すべく，阪大の理学部に入学，金森順次郎の生き生きした統計力学の講義に惹かれて金森研に入った．だが金森がテーマとする磁性体の理論には関心が持てず，金森の推薦になる五人の統計力学の教授の一人，富田和久の研究室に進むことを決める．

京大富田研の修士（M）一年の秋に，カオスなる新たな現象を

計算機で扱えば新たな非平衡物理の芽が見つかりそうだという講演を聴くが，ちゃんとした式でできないカオスなんて得体が知れないと感じ，手を出そうとしなかった．やがて富田教授がセミナーで自らカオス理論の基本，リー－ヨークの定理を取り上げたので多少カオスを意識しはじめたが，しょせん数学の定理であって物理とは無縁だと考えていた．

当時京大物理教室には，余剰博士（オーバー・ドクター）と院生が各 100 人いたという．津田は，学者で食い詰めるにしても，せめて自分に正直でありたいと考えて，自らの内面を懸命に探り，生き物のように躍動感のある物理を作るという目標を確認する．

M1 の秋に富田教授に論文のテーマを決めるようにいわれて進化をやりたいと申し出るが，「それは大問題だから，ポケットに入れておきなさい」と即却下．では偏微分方程式の内部境界値問題をというと，「それは世界で四人しかやっていない重要な問題だが，きみには無理だから，もう片方のポケットに入れておきなさい」とこれまた却下．こうして三番目の選択肢として浮かび上がったのが，カオスだった．というのも非平衡熱力学の代表例である B-Z 反応（化学反応の一種）の研究で，周期状態ではない状態の存在が明らかになっていたからだ．しかもこの反応には周期 3 の状態が存在する．ということは，リー - ヨークの定理によれば，カオスが発生しているはずだっ

た．カオスはただの数学の定理ではなく，自然現象を記述できるものだったんだ！

だが，すでに高名な化学者 R.W.Noyes（ノイズ）が「化学反応にカオスは存在しない」と断言していた．それなら B-Z 反応のカオス発生の数学モデルを作り，Noyes 氏に「あなたの名前の通り，No が Yes になりました」といってやろう！　津田の思いを聞いた富田は「きみ，やりますか？　いっしょにやりましょう！」といい，約一年で数理モデルが完成した．津田の修士論文である．

それでもまだカオスにのめり込もうとしなかった津田だが，やがてある方程式の図解によってカオスの理解がぐんと進んだことがきっかけで，カオスの数学の面白さに目覚める．本人はあくまで物理をするつもりで，数学に深入りする気はなかったが，物理のカオスの論文は，実験ばかりで理論がない．残るは数学の論文で，けっきょくは純粋数学の一分野である「力学系」や通称山口研で読まれていた応用数学の論文にたどり着く．

当時，数学の山口昌哉教授の研究室では数値解析やトポロジーなど多様な観点からカオスを研究しており，津田もカオスの数学研究に集中した．同時に，デジタル計算の丸め誤差の拡

大から逃れるべく，富田が紹介してくれた工学部の上田睆亮（よしすけ）の研究室に入り浸ってアナログ計算機を使わせてもらった．60年前後に川上博らとともに電気回路でカオス現象を発見していた上田の研究室は，津田にとってもよい環境だったのだ．

脳の研究へ

自然科学におけるカオスの意義を再確認し，無事学位論文を仕上げたものの，津田はあいかわらずカオスをわかった気にはなれずにいた．

なぜこんなにわからないのか．ここから津田は，人類が今までに科学で経験してきた不確定なものへと考えを進めた．量子力学にはハイゼンベルクの不確定性原理が，古典力学には決定論的不確定要素のカオスが存在する．自分は物理を志す人間として，自然をどこまで知りうるのかという問題から逃れられないが，古典力学における認識の限界は，視点を変えれば，認識を行う脳の限界と読み替えられるはず．人間は自然を生の形で直接理解するのではなく，記憶や想像力を駆使したイメージで構成された世界を外に作り，それを理解して反応しているのではないか．だとすれば，「うまく理解できない」のは，認識の対象が人間に理解できないようにできているのではなく，認識する脳のほうがそれを理解できないように作られているからで，それなら認識を行う脳の正体に迫らない限り，このわからなさは理解できない．カオスを押さえ込めないのは，実はその現象の「モデルを作って」理解している脳の側に「カオス」が埋め込まれているからなのだ．

かくして発想は逆転し，カオスを基礎とする新たな動力学で脳のダイナミクスを考えることとなった．爾来三十有余年，津田はカオ

スと脳を巡る事実の証明（数学モデルの確立）を目標とし，新たな概念ツールの開発や実験家との協力を通して，カオスの観点から「脳」に取り組んできた．脳の活動がダイナミックであるからにはダイナミクスが重要で，脳のさまざまなレベルに数学の「力学系（ダイナミカル・システム）」での知見が現れているはずだ，という津田の確信は今もまったく揺らいでいない．

脳の研究を通じて海外の人々と活発に交流しはじめた津田は，同じように「脳」を研究する四人の日本人とともに行動しはじめ，やがて五人は“Japanese Gang of Five”とあだ名される．当時海外では日本人科学者がいくらよい仕事をしても存在感が薄かったので，束になって迫力を出そうとしたのだ．あとの四人は工学系の合原一幸，塚田稔，応用数学の藤井宏，物理学の奈良重俊で，考え方に違いはあれど，まとまって海外の人々に抗し

ていこう！という一点で固く結ばれていた．やがてこの五人の主催で国際会議が開かれ，賛同した外国人がジャーナルを出すようになる．

『心はすべて数学である』

津田は2015年12月に,『心はすべて数学である』という一般向けの啓蒙書を上梓した．

自分にとって「数」はきわめてリアルなもので，物理を勉強し，自然現象を見ながらも，数学にはひじょうなこだわりがある，と津田は語る．なぜなら，脳は現実の直接刺激ではなく現実から作ったイメージの世界で活動しており，そのイメージ世界を動かすのが「心」，そしてその「心」をなぞっているのが数学だからだ．自然科学は自然を解明するが，数学は現実に基づいて脳内に作られるイメージの世界を解明，表現し，意識と記憶をつなぐ役割を担う．脳で起こる物理現象と意識の上で起きる高次の現象をつなぐ鍵が「数」にある以上，数学抜きで脳や意識を理解することはできない．津田は脳とカオスには切っても切れない関係があると考えており，実際，脳にカオスがあってその機能の重要な一部を担っているという津田の予想は，記憶の貯蔵，維持，再生を神経回路網の「カオス的遍歴」的な変化で表現できるといった実験結果によって裏付けられてきている．

津田は今も，高次元カオスのカオス的遍歴といった新たな概念を提唱しつつ，脳という未知の世界に挑み続けているのである．

「現代数学」2016年11月号収録

津田一郎（つだ・いちろう）

1953年岡山県久米郡美咲町生まれ．大阪大学から京都大学大学院に進み，1982年に京都大学物理学第一教室で理学博士号を取得．1993年より2017年まで北海道大学教授，2017年より中部大学創発学術院教授，北海道大学名誉教授，第23期・24期日本学術会議連携会員（第3部会数理科学委員会数学分科会）．

玉川安騎男

文＝内村直之

小学生のころから「数学者になりたい」と思っていたが，それがおカネのもらえる職業だとは知らなかった．
少年野球チームで真っ黒になりながら，家に帰ればテレビの高校数学講座を見ていたという．
どこまでもマイペースの不思議少年は今，「数」の不思議を問う数論研究者となった．

「遠アーベル幾何．あのグロタンディークが1980年代に数学に戻ってきたとき提唱した数学なんですが，これがなんとも面白そうに見えた」．

1992年4月，東京大学大学院で修士課程を終えたばかりの玉川安騎男は，京都大学数理解析研究所に数論グループの助手として赴任した．「職業的数学者」になるということが，見当もつかなかった．論文といっても日本語の修士論文が一本あるだけだった．それでも数論研究者にとってそこは「天国」だったに違いない．

すでに伊原康隆，織田孝幸が東大から数理研に移っており，玉川に前後して93年までに松本眞，望月新一，辻雄の三人が助手として着任した．セミナーでは，学生そっちのけで4人の助手がわいわいと賑やかに議論した．それが，伊原をいらいらさせることもあったと聞いた．酒好きな松本の影響で，京都・伏見の商店街で飲みながら議論することもあった．飲まなかった玉川の酒量が上がったのはこのころだ．

「モジュラー曲線」を選んだ理由

なぜ，玉川は数論研究へ進んだのか？

「大数学者オイラーの話を読んでいたこどものころからの憧れだったのです．さらに不定方程式も大好きだった」．

たとえば「$x^n+y^n=z^n$ を満たす整数 x, y, z を求めよ」という

のが，不定方程式の例であり，その延長上には必然的に数論がある．東大の数学教室は，類体論を打ち立てた高木貞治以来の伝統で，数論の研究が盛んである．特に玉川が数学科の学部生だった 80 年代の終わりごろは，伊原康隆のもと，織田孝幸，加藤和也，斎藤秀司，斎藤毅，中村博昭らが大活躍だった．玉川は，学部 4 年で代数幾何のセミナーでまずは基礎を鍛えて，織田につくつもりだった．

いよいよ大学院生活開始という 90 年春，指導をするはずの織田から意外なことを聞かされた．「5 月からぼくは京都へ行くよ，君も来ていいよ」．数理研所長の佐藤幹夫に 89 年に引っ張られて移った伊原に呼ばれたのである．

「いきなり，いなくなるなんて……．これまで親元から離れたこともなく，京都には先輩も友達もいないし……」と，玉川は東大に残り指導教官を変える道を選んだ．高次元類体論の建設ですでに名声の鳴り響いていた加藤に指導を頼んだのである．

しかし，玉川は思った．「偉大な加藤先生と同じことをやっていてはいくら頑張っても先生を越えられない．ミニ加藤では数学者になれない」．

玉川には，加藤の数論がコホモロジー，モチーフ，p 進ホッジ理論，高次元類体論と枠組みのしっかりした抽象理論に見えた．「もう少し，具体的というか，見える数論でないとぼくには苦しい」と思ったという．そこで選んだのは「モジュラー曲線」という題材だった．カッツ，メイザー，カミーニらによるホットな研究があったし，学部時代に織田の講義でもその触りを聞いていた．好きな不定方程式との関係もあった．「数論としてはちょっと脇かもしれないけれど面白いことがいろいろあった」．「楕円曲線――そのモジュライ空間がモジュラー曲線――のねじれ点の有界性」をテーマにすることにした．

酒飲み先生を相手に修論に取り組む

問題は，東大にその専門家がいなかったことである．カッツとメイザーの分厚い教科書も独習したが，やはり限界があった．すると，加藤と斎藤秀司がアドバイスをくれた．

「中央大の百瀬（ももせ）のところにいけ」．

百瀬文之は，当時中央大理工学部の助教授で，加藤和也と同時期に伊原のもとで数論を学んでいた．フェルマー予想解決の鍵となった「谷山・志村予想」にも絡んだモジュラー曲線の数論と幾何を専門としていた．頼みは快く受け入れられ，修士2年生だった玉川は91年夏から秋にかけて，東京・春日の中央大学理工学部に週一回通った．

3時間も4時間も，自分の数学を語り続ける玉川の向かいには，ワイングラスを持った百瀬がいた．無類の酒好きである百瀬は，ワインをちびちび飲みながら玉川の数学に突っ込みを入

れた．1 対 1 のセミナーが一段落するころには 2 本目に入っていることもあった．玉川が学びに来たことがよほど嬉しかったのだろう．話を聞きながら「気分良くなってきたよ」と嬉しそうにし，終われば「愉快だから飲みに行こう」と玉川を居酒屋へ誘った．当時の玉川は酒を好まず，何回かに一回しか付き合わなかった．「百瀬さん，もう，研究室で相当飲んでいるんですが，店でまた飲んでは『加藤さんも秀ちゃんもいい人だよなあ』『君みたいな学生がいてうれしい』と泣かんがばかり．こちらは修士論文の続きをしたいんですけれどねえ」．

百瀬は，2010 年に 58 歳で亡くなった．「悪くいう人はだれもいなかった．みんな彼を慕っていました」と玉川は懐かしむ．最終的に，問題を正標数版であるドリンフェルト・モジュラー曲線にして結果を手にし，修士論文を仕上げた．博士課程に進むつもりであったが，「数理研で助手に」と声をかけられた．

「グロタンディーク予想」を突破せよ！

1950 年代から 60 年代末までに代数幾何を書き換えたアレク

サンドル・グロタンディークは，70 年フランス高等科学研究所 (IHES) を辞職してからは，数学から引退した生活を送っていた．しかし，84 年，それから後の数学活動計画をまとめた『プログラムの概要 (Esquisse d'un Programme)』という文書を作った．彼の数学的遺書ともいわれるこの文書の中に「遠アーベル幾何」は登場した．

位相幾何学で重視される図形の不変量のひとつに「基本群」がある．数論幾何で重要な代数多様体にはその構造のエッセンスとして基本群を求めることができる．さらに基礎体の情報を持っているガロア群が基本群に作用する「数論的基本群」を考えれば，もとの代数多様体の構造を復元できるくらいの情報が得られるだろう，というのがグロタンディークの「遠アーベル幾何」の哲学だ．

これを端的に主張するのがグロタンディーク予想で「数論的基本群が決まれば，それに対応する代数多様体を完全に復元できる」というのである．玉川によれば，「線形代数で近似する」ようなモチーフとコホモロジー流の数論幾何とは一線を画するものという．

「伊原スクール」に属する数論研究者たちは，以前から基本群とガロア群に取り組んでおり，同じ対象を扱うグロタンディーク予想は当然，視界に入ってきた．まず，中村博昭が問題の数論的な面と幾何的な面の融合をみつけて突破口を作った．玉

川は，70 年代後半に似た問題を考えていた東北大の内田興二の成果をモデルにして，97 年，アフィン曲線の場合にグロタンディーク予想が成り立つことを証明した．「これはぼくの最初の大きな仕事で博士論文となったのです」と玉川．

さらに望月新一が p 進ホッジ理論を駆使して一般の場合に予想が成り立つことを証明した．代数曲線のグロタンディーク予想をこれら一連の仕事で解決した中村，玉川，望月の三人は，97 年の日本数学会の秋季賞を受けた．日本の遠アーベル幾何の一つの到達点であった．

共同研究が数学を生む

玉川の夏は多忙である．最近十年ほどは，夏休みを利用して長期の出張に出ることもない．その時期に数理研にやってくる研究者との共同研究のため，あのジリジリと暑さが身を焼く京都に居続けるのである．

今，玉川には三人の共同研究者がいる．英エクセター大学のモハメッド・サイディ，仏エコール・ポリテクニークのアンナ・カドレ，米ウェズリアン大学のクリストファー・ラスムッセンだ．同年代のサイディとは遠アーベル幾何をさらに進めようとしている．一回りほど年下のカドレとは数論的基本群の表現論を，またラスムッセンとは数論的基本群と代数的整数論の関係につ

いてそれぞれ研究を進めている．サイディとカドレは毎年夏に日本にやって来て，3ヶ月近く滞在，毎週一度数時間のセミナーをしている．ラスムッセンは2,3年に一回ほどの来日である．

「どの人とも1対1で，お互いにアイデアを出し合って進めるんですが，いい考えが出てこないと，ふたりとも1時間黙って黒板を見つめていることもあります．そんなことも許される相手だからこそ共同研究ができるんです」と，玉川はいう．

一人の研究には「締め切り」がないから，ついつい後回しになりやすい．一方，相手のいる共同研究では，相手が何か出してくれば待ったなしの状態になる．「刺激があって生産性を保つには共同研究はいいですね」と玉川．数学における人間関係はとても重要なのだ．

共同研究といえば，「ABC予想の証明がなされたのでは」と話題になった望月新一の「宇宙際タイヒミューラー理論」(IUT)にも玉川は付き合った．「2012年に『できたかもしれないので』という望月さんの10回計50時間のレクを聞いた．理解できたかというと……．その翌年には，あの理論を最初に理解したという山下剛さんの月一回のIUT勉強会にも参加した．100時間くらいは聞いているだろう」と玉川はいう．今は，IUTの理解者は国際的にも増加中らしい．「自分はそれには役に立てていないが，嬉しく感じるところはある」と玉川は付け加えた．

「現代数学」2016年12月号収録

玉川安騎男（たまがわ・あきお）

1967年東京生まれ．小学生時代の愛読書は野崎昭弘著『πの話』(岩波書店)．武蔵高校を経て，90年東京大学理学部数学科卒，92年同大学大学院理学系研究科修士課程を修了して同年京都大学数理解析研究所助手となる．同助教授を経て2002年同教授．97年「代数曲線の基本群に関するグロタンディック予想の解決」で中村博昭，望月新一両氏とともに日本数学会秋季賞受賞．

長岡亮介

文＝亀井哲治郎

若き日に東大全共闘の活動家だった青年は，のちに予備校の“カリスマ講師”として，若者たちに熱く数学を語った．

大学教師となってからも，教育への情熱を燃やし続けてきた．

そしていま，教え子たちとともに，この国の数学教育に一石を投じるべく，《KnK プロジェクト》を立ち上げ，実現に向けて活動を続けている．

《偉大な数学的精神》

長岡亮介さんはしばしば，「文系・理系を問わず，すべての人に《偉大な数学的精神》を伝えたい，それに触れて感動してほしい」という．

ユークリッドの『原論』，ディオファントスやアル＝ファーリズミの代数，フェルマーの解析幾何，ニュートンやライプニッツの微積分，あるいはガウス，ガロア，ヒルベルト，……，すばらしい数学を創始し造り上げてきた大数学者たちの仕事のみならず，たとえば十進位取り記数法や無限小数のように，まさに偉大としか言いようのない文化遺産をも含めて，それらを産み出し育んだ知性とそれに共鳴する精神に触れてほしい．

これは若いころからずっと持ち続けている願いなのである．

長岡さんは数学を語るとき，それがどんな歴史を経て成り立ったのか，どんな思想がその数学を生み出したのか，その哲学的な本質は何か，といったことを併せて語ることが多い．それはきわめて知的刺激に富んでいて，聴くものをわくわくさせるのである．

先日，E メールのやりとりの中で，故倉田令二朗さんの《数学について語ることもまた数学である》という言葉を紹介したら，すぐさま

「《数学について語ることは，哲学の始まりである》と思います．多くの人に哲学的な思索の体験をしてほしいと願っています」

と返ってきた．

うむ，なるほど，長岡さんらしいな，と感じ入った次第．

さて――．

限られた分量で長岡さんを紹介しなければならない．しかしその活動は多岐にわたり多彩である．専門の数学史から大学の教科書・受験参考書まで，あるいは院生の論文指導から映像による数学講義まで．そこで思い切ってテーマを絞ることになる．

数学をまなぶものは，どこかの段階で，定義とか証明について意識したり，論理的に考える能力を身につけなければならない．長岡さんはそれを中学・高校時代に「公教要理」という科目を通じて身につけた．そのことを書こう．

そしてもう 1 つ，いままさに長岡さんが取り組んでいる《KnK

プロジェクト》のことを紹介したいと思う．

カトリックの「公教要理」

長岡さんは高校生のころにはすでに東大数学科に進むことを決めていたが，その関心は哲学のほうから培ったものだった．ご本人は「乱読」と表現されたが，読書量もかなりのものだったようだ．あるとき吉田洋一・赤攝也著『数学序説』を読んで，数学が思想とか哲学と密接に結びついていることを知り，数学を通じてより思想の核心に触れることができるにちがいないと期待したのだという．

このような関心の下地は，じつはすでに中学生のときにつくられていたといえる．

長岡少年が中学・高校を過ごした聖光学院はカトリック的精神に基づいて創立された私立学校で，履修科目に「公教要理」があった．いわゆる神学入門なのだが，これが知的成長にとって大きな刺激となった．

この科目を担当した教師は主としてフランス系カナダ人の修道士だが，たとえば「なぜ神は１つなのか」と問い，「もし神が２つあるとすると矛盾する．なぜなら……」というふうに理詰めで考えていくことをまなぶのである．

たとえば「神は存在するか」という問い．

「ものには必ず原因がある．その原因には必ずそのまた原因がある．……そのようにして遡っていくと，いずれ第一原因に行き着く．その第一原因は他の何ごともその原因たり得ないものである．したがって第一原因は神である」

アリストテレスもトマス・アクィナスもそのように考えた．「公教要理」の教師もまたこの証明を教えた．

が，長岡少年はこのような論理に何か納得できないものを感じ，どこかに落とし穴があるのではないかと必死に探した．教師の権力によって鵜呑みにさせられることにも反発を覚えた．そして自分なりに論理を組み立て，何度も教師に論争を挑んだ．同級生たちは関心を示さなかったのでほとんど孤軍奮闘だったが，教師はいつも真摯に応えてくれた．

ところで，長岡さんは中学･高校時代を振り返るとき，“テニスに捧げた青春”だったという．6年間，軟式テニスに打ち込んだが,「そのわりには上手くならなかった」．

また，高校時代には，小田和正，鈴木康博，地主道夫といった同級生たちが始めた音楽活動を励ます応援団の先頭にも立った．彼らはのちに『オフコース』を結成して大活躍することになる．

KnK プロジェクト

長岡さんは数年前から，明治大学での教え子たち(卒業生や現役学生)とともに《KnK プロジェクト》という企画を立ち上げた．

そのきっかけは，院生たちとのゼミでF. クラインの古典的名著『高い立場からみた初等数学(Elementarmathematik vom höheren standpunkte aus)』を読んだことに始まる．この本は19

ある日の数理教育セミナーにて．さまざまな年代（10 代〜 70 代）が集い，発表し，議論し，交流する．

世紀後半のドイツにおける数学教育を踏まえて，高校までの数学をより高度な立場から体系的に意味づけようと試みたものであった．

読んでみるとじつに面白い，刺激的だ．高校の数学教師にとって必読書というべきだろう．だが，クラインがこれを書いた当時のドイツと現在の日本とでは数学教育の状況は全く異なっているうえに，記述も決して易しくない．日本語訳が出てもはたしてどれだけの人が読むだろうか．

そしてもう1冊，Z. ウシスキンたちが書いた『高校教師のための数学（Mathematics for high school teachers）』にも刺激を受けた．こちらは2003年の出版で，単なる教科書のレベルを超えて，数学をもっと豊かに語ろうとしている点ですぐれている．しかも読みやすい．

しかし，ウシスキンの本だけではあまりにも平板なので，もう少し高度な内容がほしい．一方，クラインは高級すぎる．それならば自分たちで，日本の実情を見据えて，現在とこれからの高校教師がほんとうに必要とする本を創り出そうではないか．

こうして《KnK プロジェクト》が誕生した．その名は Klein ist nicht klein.（クラインは決して小さくない）に由来する．

壮大な計画である．地道に，少しずつ築き上げていくしかない．そこで，プロジェクトの土台づくりの意味合いもこめて，毎月1回，「数理教育セミナー」が開始されることとなり，すでに30回を超えている．出席者はKnKのメンバーのほかに，明治大学や他大学の院生・学部生，中学・高校の教師そのほかで，多いときは30名を超える．私のような編集者も何人かいる．落合卓四郎先生(数学教育学会会長，東大名誉教授)はほぼ休みなしに参加されている．

日曜日の朝10時から夕方近くまで，毎回，数人から10人ほどの発表がなされる．そのテーマはKnKに関するものから教育現場での問題の報告などまでさまざまだ．それぞれの発表後には質疑が行われ，とくに落合先生と長岡さんのコメントがいつも興味深い．

*

長岡さんは2017年3月で定年を迎える．まだ果たしていない仕事や新しい仕事も待っているようだが，ぜひとも《KnKプロジェクト》を実現してほしい．画期的なものが生まれるにちがいない．同時に，長岡さんでなくては書けない“数学史・数理思想史と哲学とをたっぷりまぶした”刺激的な数学読み物を，ぜひとも書いていただきたい．文系・理系を問わず，知的関心をもつ人ならばだれもが読みたくなるようなものを．

「現代数学」2017年1月号収録

長岡亮介 (ながおか・りょうすけ)

1947年長野市生まれ．小学校6年生から神奈川県横浜市に移る．1972年東京大学理学部数学科を卒業後，同大学院理学系研究科の新設間もない科学史科学基礎論専攻に進学．1977年博士課程を満期退学．その後津田塾大学講師・助教授，大東文化大学教授，放送大学教授を経て，2012年より2017年まで明治大学理工学部特任教授．専門は数学史・数理思想史・数学教育．定年後，KnKの中心メンバーの若者たちとNPO法人《TECUM》を設立し，意欲ある若手数学教育者を支援する活動を続けている．

伊藤由佳理

文＝吉田宇一

思いがけない分野の成果が見事に結びつく，そんな数学が面白い．
マッカイ対応はまさにその典型だ．

ある日のマックス・プランク研究所．伊藤由佳理は，3次元マッカイ対応に関する研究発表をおこなった．目の前には，あのヒルツェブルフ教授がいる．伊藤は修論で，ヒルツェブルフ－ヘッファー予想と呼ばれる未解決問題が肯定的に解決できることを報告．もちろん，ヒルツェブルフもそのことはよく知っている．緊張はいかばかりか（いや興奮？）．そこには，なんとザギアー教授も最前列に陣取っていた．

ヒルツェブルフ－ヘッファー予想とは，いわゆる特異点解消問題の1つである．生な表現で恐縮だが，有限部分群 $G \subset SL(3,\mathbb{C})$ を使って，$\mathbb{C}^3/G$ という商の形でのみ書ける特異点をもつ3次元代数多様体の極小モデルはすべて非特異，すなわち特異点をもたないという予想だ．

1980年代後半から，特異点に関する研究は大きく進展し，とりわけ90年には，森重文によって3次元代数多様体の分類（極小モデル理論）が完成して，もはやその分野では当面大きな仕事はできないと言われていた．研究に一段落したイメージが強かったなかで，伊藤の修論は特異点の研究にこだわりつづけてきたからこその成果だった．

なぜ特異点なのか

伊藤が特異点解消という問題を強く意識するようになったのは，『数学セミナー』誌（1985年1月号）に載った「結び目と特異点」という広中平祐の記事．21ページもある長文の解説である．伊藤は予備校の授業で，数学の魅力に接し，建築科志望から数学科志望に切り替え，一浪して名古屋大学理学部に入学した．憧れて入学したはずが，大学の数学の授業は物足らず，数学を研究することに憧れていた．

さまざまな自主ゼミや勉強会に参加して自分のテーマを模索するなか，広中が主宰する日米JAMSセミナーへの参加が転機となった．合宿形式で，しかも朝から晩まで日米の一流の講師陣によっておこなわれ，伊藤の言葉を借りれば「刺激満載！ 絶対に研究者になりたい」と強く思ったという．その頃，特異点に関心があるならと先輩に薦められたのが，広中の記事だった．一読して自分が打ち込めるテーマになりそうな予感がした．

代数幾何と物理

すでに，2次元の単純特異点，すなわち孤立特異点を持つ超曲面は5種類に限られるなど，代数多様体の性質もかなり研究されていた．問題は3次元以上の高次元だ．

3次元の代数多様体の研究には思いがけないところにヒントがあった．1980年代半ば，重力を量子論的に扱うには10次元で構成される空間が必要であり，ここではもはや物質は粒子ではなく弦(ひも)としてとらえるべきだという超弦理論が有力だとされていた．

しかし，われわれが住む世界は時間も入れて4次元世界であり，残り6次元空間はどうなっているのか．この6次元をコンパクト化すれば矛盾がない．そんな空間は存在するのか．実6次元は，複素平面で考えれば複素3次元代数多様体．世に言うカラビ－ヤウ多様体である．

カラビ－ヤウ多様体は，90年代，幾何学系の数学者がこぞって参入した「ミラー対称性」研究の格好の対象になる．カラビ－ヤウ多様体がミラー対称性に登場することから，数学的にも非常に面白い性質が引き出される．さらに，ミラー対称性により，Mブレーンや D ブレーンなど，超弦理論の複数の理論の相互関係が明らかになる．物理学者にもきわめて魅力的な研究対象である．

予想問題解決にいたる着想

数学の問題解決には，うまい対応物を発見できるか否かが鍵になることがよくある．あのフェルマーの最終定理の解決も，楕円曲線の特異点の性質から出発し，代数的なガロア表現とゼータ関数の関係を，保形形式とゼータ関数の関係という解析的な関係と対応させることで解決される．

伊藤は，表現論で知られたマッカイ対応と呼ばれるある種の等式が2次元版しか研究されていないことを知り，カラビ－ヤウ多様体のような3次元代数多様体に拡張することで新しい結果が得られるのではないかと取り組んだ．超弦理論におけるカラビ－ヤウ多様体．表現論のマッカイ対応．ヒルツェブルフ－ヘッファー予想に現れた有限部分群 G を非可換群でも使えるよ

うに工夫し，3 次元代数多様体の特異点解消と 3 次元版のマッカイ対応の道筋を拓いたのである．

その成功の裏には時折日本を訪ねていたウォーリック大学のマイルズ・リードの存在がある．リードとの出会いはまず論文だった．東京大学大学院数理科学研究科に進学した伊藤は，指導教官の川又雄二郎に「特異点に興味がある」と言って，そこで勧められたのがリードの論文：Young person's guide to canonical singularities, in Algebraic geometry (Bowdoin, 1985, 略して YPG) だ．まったく歯が立たなかった．今さら他のテーマをというわけにもいかず，毎日いろんなテキストや論文を参照

しながら読み込んだ．数ヶ月経った頃，どうにか専門用語にもなれ，中身も理解できるようになった．

当時，早稲田大学で毎週開かれていた特異点のプロの研究者らが集まる「特異点セミナー」に参加したいと申し出たら，主宰者から自分で研究発表できるようになるまでは来ないでと門前払い．その後，YPG を読み終えて，そのなかの「Terminal singularity の分類」について話す機会をもらった．このセミナーでは，自分が得た成果は言うまでもなく，自分が面白いと思った他人の研究も，昨晩の思いつきでも自由に発表できた．そのたびに，証明の弱点や矛盾点を忌憚なく指摘される．無事，修論を完成させることができたのもこのセミナーに参加したおかげだと伊藤は思っている．

大学院博士課程も，そのまま川又の研究室に進み，引き続き3次元代数多様体の特異点問題に取り組む．そして先に述べたように，「マッカイ対応が3次元に拡張できるかも」という予想とマイルズ・リードとの共同研究が実り，特異点解消問題における3次元マッカイ対応を完成させることができたのである．

マインド・マップと数学博物館

2003年に古巣の名古屋大学大学院多元数理科学研究科に職を得た．2008年頃，たまたま学内で開かれた「マインド・マップ」という英国のトニー・ブザンが創ったノート法の講習会に参加．課題のテーマを中心に置き，あとは自分の頭に思いつくままにキーワードを周囲に，分岐する大きな引き出し線とともに描いていく，それもできるだけカラフルに．子どもの頃から親しんだお絵描き的思考法にハマった．以来，自分でも工夫を重ね，ちょっとしたメモや講義準備ノートなどは，1枚のマインド・マップで描くようになった．多元数理科学研究科の紹介パンフにも掲載されている．また主宰する国際的な研究集会の講義

レジュメをマインド・マップ化したものはコレクターもいるほどの評判である．

そうした伊藤のアーティスト的センスが存分に発揮されるのが定期的に開催される「数学博物館を作ろう！」展だ．数学は研究対象であるだけでなく，社会の隅々で応用され役立ち，下支えしている．そんな数学のイメージを学生たちに，自由にポスターとして表現してもらった作品を集めて展示する．下手か上手か，本質的かそうでないかなどはお構いなし．自分で調べ考え想像してこそ価値がある．ときに伊藤のマインド・マップ化した講義ノートも展示する．数学の面白さを伝える方法は１つではないと信じている．

「現代数学」2017 年 2 月号収録

伊藤由佳理 **(いとう・ゆかり)**

1992 年名古屋大学理学部数学科卒．1996 年東京大学大学院数理科学研究科博士課程修了．D2 で学位論文を提出．同年都立大学理学部数学科の助手に．2003 年から 2019 年 3 月まで名古屋大学大学院多元数理科学研究科の講師，准教授を経て，2017 年 9 月より東京大学カブリ数物連携宇宙研究機構教授．専門は代数幾何学．編著に『研究するって面白い！科学者になった 11 人の物語』（岩波ジュニア新書）がある．2 児の母親でもある．子育てで研究時間は制約されるが，一方で大学初年級の学生や文系学生に教える教育者として子どもの教育事情を知ることは有益だという．むろん思いっきり研究時間が取れる日が待ち遠しい．

あとがき

本書は『現代数学』誌で行われている連載《輝数遇数(きすうぐうすう)——数学教室訪問》の第0回(2015年4月号)から第22回(2017年2月号)までをまとめたものである.

PART Iの「あとがき」という場を借りて,《輝数遇数》という連載が実現することになった経緯などを記しておきたい.

*

群馬県玉原高原で開催された「玉原JIR(ジャー)研究会」(正式名称:数理科学におけるジャーナリスト・イン・レジデンス・プログラムについての研究会2012, 於:東大玉原国際セミナーハウス)から帰宅したその日,坪井俊・藤原耕二両先生から相次いで,「カメラマンのご友人と一緒にJIRに参加しませんか?」とのメールをいただいた.2012年6月下旬のことである.

その研究会での雑談の折りに,日本酒造りを克明に撮り続けているカメラマンの友人がいることを話したのだが,お二人はそれに関心をもたれたらしい.一方,私は研究会でJIR参加者の体験談をたっぷりと聴いて大いに好奇心を揺さぶられ,何かきっかけがあればぜひ参加したいと思っていたのだった.

思いがけない誘いに驚いたが,すぐに河野裕昭さんに電話したところ,「やりたい!」と一瞬の迷いもなく即答.彼がその気ならばと,こちらもまた即座に気持ちが固まった.

この年の10月初めから翌13年3月にかけて,東大数理科学研究科と京大の数学教室,数理解析研究所に滞在し,半年でおよそ40名余りの数学者にインタビューと写真撮影をした.そして年を追うにつれて,東大・京大に加えて,九大や北大と,JIRでの滞在が増えていった.

河野さんのフットワークはつねに軽快で,インタビュー中の表情や授業・セミナーなどで動き回る姿のみならず,たとえば稲刈りをする，スキーをする，ドラムを叩く，ジャズを歌う，サッカーに興じる，……など，シャッターを切るチャンスがあるならば，千里の道も遠しとせず，足を運んだ.

*

インタビューと写真撮影を続けるうちに，「数学を仕事とする人たちは，こんなにすてきで興味深い人たちなのですよ」ということを，ぜひ多くの人たちに伝えたい――，そういう気持ちが次第に強くなった．それは「数学社会と一般社会とを繋ぐ」という JIR の目的に，ささやかながらも貢献することになるのではなかろうか.

そんなことを考えていたころ，2014 年9月九大で開催された数学会で高瀬正仁さんと会った．私にとって高瀬さんは，お互いの若き日に倉田令二朗さんから紹介された旧い友人である．いまは数学史家として多くの著作を物し，『現代数学』誌でも常連執筆者である．高瀬さんは私の考えを真剣に受け止めて，「編集長の富田淳さんに話してみましょう」と申し出てくださった．そして半日も経たないうちに携帯電話が鳴り，「連載が決まりました！」と，ほがらかな笑い声が響いたのだった.

*

連載では，毎回1人の数学者に登場してもらい，写真と文章でその人を紹介しよう．――富田編集長と相談の結果，方針が決まり，筆者として内村直之さん，里田明美さんに加わってもらった．2015年4月号からスタートするにあたって，数学の連載なのだからと，最初を第0回とした.

登場してもらう数学者をどなたにするかは，その回の担当筆者が「この人を書きたい」と選ぶことを大原則とする．紹介の仕方も，担当筆者の視点から自由に書く．また登場する人名を「呼び捨て」で書くか，「さん」付けとするかも，各筆者に任せる．原稿は《輝数遇数》関係者全員が読んで，批評をしたり間違いなどを指摘し合ったりして仕上げていく．――このようなことが《輝数遇数》プロジェクトの基本方針となった.

誌面のレイアウトは，それまでの『現代数学』の誌面とは一味も二味も異なった雰囲気を出したいとの富田編集長の意向を受けて，亀井が『数学セミナー』時代から旧知のグラフィック・デザイナー海保透さんにお願いすることにし，快諾を得た.

連載の名称は，関係者全員であれこれ案を出しあった末に，河野さんの案「輝数遇数」に落ち着いた．いざタイトルが決まってみると，内村さんが「まえがき」で記しているように，じつに“それらしく”感じられてくる．不思議なことである.

1年後には筆者陣に冨永星さん，吉田宇一さんに加わってもらい，さらに3年後から長谷川聖治さん（読売新聞）と梶浦真美さん（フリーの翻訳者・ライター）にも加わってもらった.

＊

連載は2020年9月号（8月発売）で第60回（61回目）を迎えた．初めのころはJIRで滞在した大学や研究所に所属する数学者に登場してもらうことにしていたが，やがてその枠を外し，いまはもっと広く構えて，大学や研究所などの所属にもとらわれずにご登場いただこうと話し合っている.

《数学》という言葉で表されるその内実が，いま大きく変わりつつある．したがって《数学者》の仕事も，ますます多彩な営みを表現するものに変貌しつつあるといえよう.

かつてSSS（エス・エス・エス）に集った若者たちは，自らを《新数学人集団》と表現した．「数学者」でなく「数学人」．この言葉のほうが，現在の数学情況をより適切に表しているかもしれない.

《輝数遇数》関係者を代表して　**亀井哲治郎**

著者紹介

河野裕昭 こうの・ひろあき

【ひとこと】

コテコテの文系なのです，とは言っても特に文学に詳しい訳ではない．要するに小学生時代はともかく，中学生頃から「数学も記憶する科目である」と誤解してしまい，高校時代になるとそれはもう悲惨な青春時代（成績？）を過ごすことになります．そんな私が数学者を撮影することになろうとは…… 神をも恐れぬ珍事なのです．

「数学者を撮ってみませんか？」というささやきに，過去の惨事をすっかり忘れて無謀な即断……．今や「数学って意外に面白いですネ」と数学オンチが大変身．数学好きな高校の同級生が「えっ！ アンタが……」と絶句してしまいました．数学も人生も面白いものです．

【プロフィール】

1950年北九州市に生まれる．中央大法学部卒業．フリー・カメラマンとして水俣病，カネミ油症や，全国に残る水車の撮影に取り組む．吟醸酒と出会い，いくつかの酒蔵で蔵人たちと寝食を共にしつつ酒造りを取材し，『写真集 大吟醸』にまとめた．2012年より亀井哲治郎とともにJIR（ジャーナリスト・イン・レジデンス）に参加，200人以上の数学者の写真を撮り，現在も継続中．著書：『写真報告 カネミ油症』『水車の四季』．

内村直之 うちむら・なおゆき

【ひとこと】

高校生になって数学に惹かれました．スペースオペラやドリトル先生シリーズといったファンタジー，手塚治虫さんの「火の鳥」のような大河漫画を読み耽っていた私は，ある日，吉田洋一さんの『微分積分学』が面白くなり，さらに赤攝也さんとの共著『数学序説』を手にしました．数学基礎論を下敷きにした異世界へ迷い込んだのを入り口に，背伸びした私は実数の連続性やその濃度，コーシーの積分公式などに酔いしれました．

世界の根源的な成り立ちを知りたくなって大学では物理を学びました．人間の不思議からも離れ難く，さらに広い世界へと科学ジャーナリズムに飛び込み，「数学するヒトビト」に巡りあったのも縁でしょうか．そのお付き合いはこれからも続きます．

【プロフィール】

1952年東京生まれ. 都立青山高校を経て東京大学理学部物理学科, 同大学院理学系研究科博士課程を経て朝日新聞社に入社, 科学記者・編集者として勤務. 新聞連載の「ニッポン人脈記　数学するヒトビト」で数学と関わるさまざまな人物を描いた. 2012年からフリーの科学ジャーナリストとして活動する一方, 大学で科学ライティングなどを担当. 著書:『われら以外の人類』『古都がはぐくむ現代数学』など. 2013年よりJIRに参加. 2016年度(第15回)日本数学会出版賞を受賞.

亀井哲治郎 かめい・てつじろう

【ひとこと】

「一つの生涯というものは, その過程を営む, 生命の稚い日に, すでに, その本質において, 残るところなく, 露われているのではないだろうか」. 若き日にくり返し読んだ森有正『バビロンの流れのほとりにて』冒頭の一節です.

数学者の皆さんから話を聴くとき, 私の関心は少年少女のころから青春時代に傾きがちでした. 森有正の言葉が深く心に染みついていたからかもしれません.

また, 数学というものがなぜ面白いのか. これは各人の関わり方によって, 異なった諸相が見えてきそうです. 「"面白い"の意味」とともに, 今後のテーマの一つとして探ってみようと思います.

【プロフィール】

1946年鳥取県米子市に生まれる. 1970年東京教育大理学部数学科を卒業後, 日本評論社に入社. 19年間『数学セミナー』を担当(1975年−89年に編集長). その後, 書籍の企画・編集や隔月刊誌『数学のたのしみ』を担当する. 2002年に退社し, 亀書房として仕事を継続中. また日本数学協会の機関誌『数学文化』の編集にも関わる. 2005年度(第1回)日本数学会出版賞を受賞. 2012年より河野裕昭とペアを組んでJIRに参加.

里田明美 さとだ・あけみ

【ひとこと】

毎回取材を始めるとき，こうお願いします．「先生の研究を分かりやすく教えてください．でも高校数学までの範囲で説明してください」

難しい問題に取り組んでいる数学者に対し，無茶なお願いとは承知しています．でもみなさん，少しでも私がイメージしやすいよう，かみ砕いて話をしてくださいます．話を聞いていると，知らない公式や定理がポンポン飛び出し，それについて聞いていると，さらに知らない言葉や定理が出てきて……．数学者を困らせながら，でも私は楽しみながら，心地よい頭の疲れを感じる時間でした．

取材を通して素敵な数学者にたくさん出会いました．会社の同僚が言うには，数学者の魅力を語るとき，私の目が輝いているそうです．

【プロフィール】

広島県江田島市生まれ．1996年，中国新聞社に入社．内外勤の記者や営業職場を経験し，現在は報道センター文化担当記者．ジャーナリスト・イン・レジデンス（JIR）には初年度の2011年から参加し，これまで九州大，東京大，慶応大に滞在．

冨永 星 とみなが・ほし

【ひとこと】

数学者による一般向けの数学啓蒙書をいくつか翻訳するうちに，「数学者とは」という強い関心が芽生え，Journalist in Residence に参加したところから，数学者の方々を紹介する文をまとめる機会をいただけるなんて，まさに瓢箪から駒でした．

「数学者」と一口ではまとめられないくらい多士多彩な方々は，それぞれに唯一無二の光を放っておられて，それでも一つ共通しているのは，心底数学が好きだということ．お話好きの方もそうでない方も，数学一直線の方も迷いを経験した方も，素人のぶしつけな質問にじつに率直に答えてくださいました．そういう方々から自分が受けとったすばらしいものを，どうすれば読者のみなさまにお伝えできるのか．ほんとうにありがたい悩みですし，これからも，機会があればぜひ！と思っています．

【プロフィール】

1955年京都市生まれ. 京都大学理学部数理科学系を卒業. 国会図書館科学技術課に司書として勤務, 自由の森学園にて十年ほど教鞭を執る. その後, 翻訳家として, デュ・ソートイ『素数の音楽』, スチュアート『若き数学者への手紙』, ヘイズ『ベッドルームで群論を』, ストロガッツ『xはたの(も)しい』など一般向けの数学読み物の邦訳を手がける. 2012年よりJIRに参加. 2020年度(第16回)日本数学会出版賞を受賞.

吉田宇一 よしだ・ういち

【ひとこと】

大学は理系だったものの, 数学の授業についていけず, 敗北感のみが残ったまま, 何の因果か巡り巡って出版社で, 数学関係の書籍に携わることに. わたしの数学知識のほとんどが仕事で身につけたものです. そして数学者の方々と直接接するようになって, あることに気づかされました. 数学というと定理・証明というエビデンスで固めないと一歩も進まないように見えますが, じつはもっと想像力が必要らしいのです. たとえば $A^2=-1$ なら A は虚数 i かと思う一方, A がもし行列だったらどんな世界が広がるかと言われ, ハッとさせられました. 数学にはもちろん約束事があり, その枠内ですが自由に想像を広げ, 数や文字を使って世界を表現する. いわば詩に近いところも. 数学者という詩人たちの声を生で聴ける至福は得難いものです.

【プロフィール】

1954年岐阜県大垣市生まれ. 名古屋大学大学院応用物理学専攻修士課程了. 晩聲社, サイエンス社を経て, 1988年より岩波書店編集部に勤務. 2019年退職. 現在はフリー編集者. 岩波講座「応用数学」「現代数学」や『岩波数学入門辞典』などの編集実務に携わる. 創刊に関わったシリーズ「岩波科学ライブラリー」が2013年毎日出版文化賞を受賞.

定理
(1)

数学者訪問 輝数遇数 きすうぐうすう [PART I]

2020年9月23日 第1版第1刷発行

著者 写真：河野裕昭
文：内村直之・亀井哲治郎・里田明美・冨永 星・吉田宇一

発行者 富田 淳

発行所 株式会社 現代数学社
〒606-8425 京都府京都市左京区鹿ヶ谷西寺之前町1番地
TEL 075(751)0727 FAX 075(744)0906
https://www.gensu.co.jp/

装丁デザイン・誌面基本設計：海保 透

印刷・製本：亜細亜印刷株式会社

ISBN978-4-7687-0541-4 2020 Printed in Japan